中小学生书架

科学揭秘动物世界

哺乳类

主　编　于今昌
编　者　初　颖　李　铭　杨艳波　史艳秋
舒　畅　杨　臣　徐荔璟　刘　荣
李占辉　王浩存　王大鹏

長春出版社
全国百佳图书出版单位

图书在版编目(CIP)数据

科学揭秘动物世界——哺乳类 / 于今昌 主编. —长春：长春出版社，2012.6

ISBN 978 － 7 － 5445 － 2128 － 4

Ⅰ. ①科… Ⅱ. ①于… Ⅲ. ①哺乳动物纲－普及读物

Ⅳ. ①Q95 － 49

中国版本图书馆 CIP 数据核字（2012）第 069901 号

科学揭秘动物世界——哺乳类

责任编辑：杜　菲
封面设计：大　熊

出版发行：長春出版社　　总编室电话：0431 － 88563443
发行部电话：0431 － 88561180　　邮购零售电话：0431 － 88561177
地　　址：吉林省长春市建设街 1377 号
邮　　编：130061
网　　址：www.cccbs.net
制　　版：长春大图视听文化艺术传播有限责任公司
印　　刷：长春市新世纪印业有限公司
经　　销：新华书店

开　　本：787 毫米×1000 毫米　1/16
字　　数：165 千字
印　　张：9.75
版　　次：2012 年 6 月第 1 版
印　　次：2014 年 5 月第 3 次印刷
定　　价：19.00 元

QianYan 前言

在美丽的地球家园里，生活着各种各样的动物。在一望无际的非洲大草原上，数以百万计的角马正浩浩荡荡地前行，它们旅途中的每一步都面临着危险；在广阔的天空中，一只雄鹰正展翅翱翔，它锐利的双眼机警地搜寻着地面的猎物；在号称“世界屋脊”的青藏高原上，一群藏羚羊为了逃脱猎人罪恶的枪口正在飞奔；在大海的深处，凶猛的鲨鱼正在用它敏锐的嗅觉搜寻海洋里的猎物……它们不仅让我们的生活丰富多彩，而且维持着大自然的生态平衡。但随着社会经济生活的发展，生态环境遭到前所未有的破坏，加之人类的过度捕杀，许多动物已濒临灭绝。动物同样也是地球的生灵，同样需要我们以博爱之心去对待它们。要善待它们，首先必须了解它们，这就是《科学揭秘动物世界》的出版宗旨。

从阅读中获得知识，从图片中汲取印象，从常识链接中扩展见闻。无论是藏在深海的贝母，还是徘徊在天际的雄鹰，都会在这套科普丛书中展现它们的精彩。科学揭秘动物世界，不仅仅是人类生存的需要，也为我们找到了了解自然、揭示自身奥秘的金钥匙。

《科学揭秘动物世界》共六卷，分别介绍了鸟类、鱼类、海洋类、哺乳类、无脊椎类、两栖爬行类动物。丛书不仅篇幅精练、文字优美、插图生动、知识

前言 QianYan

链接画龙点睛，更难得的是铺陈了若干动物故事，将严肃的科普知识以生动有趣的故事形式娓娓道来，以全新的角度向读者阐释了动物的生活方式、生存策略与习性特点，以及尚未破解的一些神秘现象，生动地展示了与人类共同生活在地球上的这些生灵怎样以其独特的方式向大自然索求自己的生存空间，演绎美丽而神奇的生命旋律的过程。

《科学揭秘动物世界》系列丛书由科普作家精心编撰，吸收前沿知识，所选资料翔实准确，文字简洁生动，通过生动的故事、翔实的例证、具体的数据来调动读者的阅读积极性并启发他们的想象力，实现对知识的融会贯通。从而使读者能够快乐阅读、轻松学习，是青少年读者了解动物世界奥秘的最佳读物。

MuLu 目录

目录 MuLu

探访哺乳动物

关于哺乳动物的起源，当今的主流观点是：恐龙大约在6500万年前白垩纪结束时灭绝，其原因可能是一颗小行星撞上了地球，引起尘埃遮天蔽日，从而导致地球变冷，恐龙赖以生存的植物遭到毁灭。

根据这一理论，当“恐怖的蜥蜴”——恐龙渐渐消失时，一直在附近静等的哺乳动物欣然接管了它们的地盘。

它们进入刚刚空出的栖息地，逐渐开始多样化，形成了我们今天所看到的哺乳动物物种的各个种群。

然而，英国《自然》周刊2007年3月29日一期刊登的一篇论文，对现代地球生命的这个基本理论提出了挑战：哺乳动物起源于生物大爆发期。这篇论文说，哺乳动物的多样性是通过两个重要阶段逐渐形成的。第一个阶段发生在白垩纪结束几百万年前，第二个阶段发生在白垩纪结束几百万年后。

论文还提到德国慕尼黑工业大学的奥拉夫·比宁达-埃蒙茨及其同事，通过对哺乳动物进行深入研究后，绘制的几乎囊括所有4200多个哺乳动物物种的基因“族谱”。

他们利用以物种进化速度为基础的分子钟，让时间倒流，估算出这些哺乳动物何时发生基因变化。

在1.6亿年的时间跨度中，哺乳动物在大约9300万年前经历了首次多样化大爆发。当今灵长类动物、啮齿动物和有蹄动物的祖先最早出现在大约7500万年前或稍晚一些。

但是，哺乳动物非但没有普遍受益于白垩纪的结束，反而因为大灾难而遭受沉重打击。许多哺乳动物物种像恐龙一样永远地从地球上消失了。

第二次多样化发生在大约3500万年前，此时距恐龙的衰落已经过了漫长的岁月。第二次物种大爆发尤其重要，因为它产生了现如今的哺乳动物的家族。

论文作者说，第二次物种大爆发的原因尚不明了，但这可能与全球气温上升有关。

论文的作者之一，美国自然历史博物馆脊椎动物馆馆长罗斯·麦克菲说：“现在的重要问题是，什么原因让现代哺乳动物的祖先过了这么久才形成了多样化。”

今天，我们已经知道，多样化的哺乳动物是世界上最高级的动物类群。哺乳动物躯体一般分头、颈、躯干、尾和四肢五部分。体腔以膈分为胸腔和腹腔。体表一般有毛。齿有门齿、犬齿、前臼齿和臼齿的区别，有齿的退化。体温多较恒定；心脏分两心耳和两心室；红细胞呈圆盘状，无细胞核。除单孔目外，均为胎生；都以乳汁哺育幼儿，所以称为“哺乳动物”。

现存的哺乳动物，可分为原兽亚纲（例如鸭嘴兽、针鼹等）、后兽亚纲（例如袋鼠、袋狼等有袋类）和真兽亚纲（包括绝大多数的哺乳动物）三亚纲。全世界有哺乳动物4200多种，中国有近500种。

但是，使人担忧的是目前有千余种哺乳动物濒临灭绝。

据英国《每日邮报》网站2010年10月27日报道，一项大规模的地球生物调查结果显示，世界上1/5的哺乳类、鸟类、鱼类、爬行类和两栖类动物濒临灭绝。

▲ 梅花鹿

这项惊人的研究结果显示，濒危脊椎动物的数量仍在不断增加，而人类在很大程度上是罪魁祸首。

许多科学家认为，世界正在经历“第六次物种大灭绝”。拥有40亿年历史的地球已经经历了五次物种灭绝，最近的一次发生在6500万年前，造成了恐龙的灭绝。

生物学家估计，目前已经发现并仍然存活的4200多种哺乳动物中有1/4濒临灭绝。

为了挽救濒临灭绝的老虎，拥有野生老虎的13个国家于2010年11月23日在俄罗斯圣彼得堡签署了一份宣言。

宣言要求，签署国家设法在2022年之前使老虎数量翻一番，同时打击偷猎以及贩卖虎皮、虎骨和虎器官的非法贸易。

在过去的一个世纪，拥有老虎栖息地的国家已经从25个减少到13个，8个老虎亚种中已经有3个品种灭绝。专家们说，全球目前只有大约3200只野生老虎。

野生老虎大多数分布在东南亚，这些国家的政府已同意保护和增加老虎栖息地，并让地方团体参与老虎的保护工作。

俄罗斯远东地区是世界上最大的老虎品种西伯利亚虎（中国称东北虎）的故乡。虽然俄罗斯在最近几十年里使野生老虎数量有所增加，但西伯利亚虎仍濒临灭绝。任意砍伐雪松造成大量动物迁徙，迫使老虎袭击村庄和农场，这也使得它们常常被人类射杀。

俄罗斯总理普京对圣彼得堡“老虎峰会”的与会者说：“目标是艰巨的，但是可以实现的。”

濒临灭绝的虎

虎，百兽之王，是威武、力量的象征。

虎属哺乳类食肉目猫科，是一种大型的猛兽，被人们称为“百兽之王”，是世界上的珍贵动物之一。至于虎起源于什么地方，曾在科学界有过激烈的争论：有人认为虎起源于亚洲南部，后来逐渐北移；也有人认为虎最早起源于西伯利亚的东北部，此后才向南方或西南方迁移。经过很多年研究考证，虎移入印度的年代并不太久。一千多年前，虎在印度还不如狮子多。而那时的海南岛、台湾等岛屿上有金钱豹和云豹，却没有虎。因为虎的脚掌经不住高温，不敢在晒得发烫的土地上前行。相反，虎却习惯于严寒。据研究，目前印度、缅甸、孟加拉、台湾等地的虎，都是由北方移过去的，时间大概是在一些岛屿与亚洲大陆分离之后。

老虎原来广泛分布于亚洲。即使古代的北京，也是一个多虎的地区呢！

50 万年以前，北京地区的气候温暖湿润，山岭上密布郁郁葱葱的森林，那里栖息着许多动物，剑齿虎便是其一。这种动物凶猛异常，长着长长的锋利如刀的牙齿，不仅能捕杀鹿和野猪，还可捕食大象。到了山顶洞人生活的年代，剑齿虎灭绝了，但老虎分布却极广。一直到唐代，北京地区虎的数量依然很多。

明万历年间，曹学佺有一次到房山县城，正值上元之夜，但县城内“人家皆闭门”。经询问，方知附近有虎活动。在北京的易平路附近，有一地名叫卧虎桥，此桥的得名，相传即是有人看见有虎卧在桥下歇息。

▲ 老虎

清代有些帝王喜欢射猎老虎，因而在京畿附近养虎供猎。

康熙皇帝所居的畅春园的西花园内，就时常饲养着不少小虎，以俟其长大，放入园囿供自己狩猎。乾隆皇帝也喜欢猎虎，在故宫博物院里，至今还有一幅《弘历刺虎图》，画的就是乾隆皇帝猎虎的情形。南苑的晾鹰台便是猎虎的地点之一。

令人惊奇的是，清代还有野虎进入北京城内。据鲍淓的《稗勺》记载，雍正三年八月的一个晚上，一只老虎跑入城内，并在大将军年羹尧的府前游动，守卫年府的士兵发觉后，群起围攻，才将虎击毙。可见，那时老虎还很多。

世界上只有一种虎，分布于亚洲，源于亚洲东北部，由于长期地理隔绝而逐渐分化成 8 个品种，即孟加拉虎、南亚虎、华南虎、东北虎、爪哇虎、高加索虎、巴厘虎、里海虎等。

虎喜欢在动物资源比较丰富，水源充足，林木草丛茂密的环境独居，一般虎都有自己的领地。在印度，一只虎占 50 ～ 100 平方千米，而在西伯利亚要占 500 ～ 4000 平方千米。虎常年都可繁殖，春季为繁殖盛期。约 4 岁性成熟，最长寿命约 26 岁。

虎

虎体长约 1.4~2 米，尾长达 1.1 米。体呈淡黄或褐色，有黑色横纹，尾部有黑色环纹。背部色浓，唇、颌、腹侧和四肢内侧白色，前额有似“王”字形斑纹。栖于森林山地。夜行性，能游泳，不善爬树。性凶猛。捕食野猪、鹿、獐、羚羊等，有时伤害人。分布于亚洲，北至俄罗斯西伯利亚，南抵印度尼西亚、印度。中国有东北虎，体大，毛色较淡，产于长白山、小兴安岭等处；华南虎，体稍小，毛色深浓，分布于长江流域以南地区。

虎常夜间寻食，一旦发现猎物，便猛扑过去，断其喉，折其颈椎。虎往往好几天才能找到食物，故每次食量很大，以捕食野生动物为食，很少伤人。

由于人类活动范围扩大，垦拓农田，发展交通，无形中缩小了虎的栖息地；或隔断了老虎彼此间的联系，以致影响了它们的繁殖。再加上乱捕滥猎，虎的总数锐减，其中巴厘虎、高加索虎和里海虎已经灭绝了。另外两个种类的数量已降低到很难有生存能力的程度：东北虎只剩下不足 30 只野生虎；西伯利亚虎为 150 ～ 200 只。

生活在印度、孟加拉国、尼泊尔和不丹境内的孟加拉虎的数量为 3250 只；南亚虎为 1050 ～ 1750 只。

有人认为，老虎的生态地位处于顶部，缺了老虎，世界上食草动物数量就会迅速增长，生态系统就会破坏。因此，保护老虎也就等于保护人类赖以生存所必需的环境。

不少国家的科学家认为，当务之急是要为老虎创造必要的生存条件。

新中国成立以来，我国十分重视对虎的保护工作，颁发了各种保护条例，建立了七星砬子、长白山、武夷山、梵净山、西双版纳等自然保护区，使虎得以栖息生存。

母虎铤而走险

▲ 老虎

在老虎的家族中，雌雄成虎之间，除了发情交尾期间以外，夫妻之间的关系是比较疏远的。公老虎的性格很孤僻，喜欢独居，不太合群。偶尔雌雄老虎成双成对地出去捕猎时，也是由母老虎在前面冲锋陷阵，而公老虎却在一边装腔作势，呐喊助威。待捕获猎物后，公老虎却同享其食，面无愧色。

野生老虎已日渐稀少，所以老虎在繁殖期很少出现争雌打斗现象。

雌雄老虎在发情期的叫声最为雄浑，“昂——呜——”之声震动山谷，呼唤异性。

母老虎的妊娠期为 102 天，第一胎成活率很低。一般在第三胎后，雌老虎性成熟，在下崽儿前，窝址选得好，洞内絮物软和，哺乳勤谨，照顾周到。如发现有干扰环境者，雌老虎为育幼的本能驱使，将另选安全的巢穴，并用嘴巴叼住幼虎，一只一只搬到新居。虎毒不食子，这是动物保存种族的本能。在育儿期的雌老虎敏感多疑，对四周的一切动物都十分凶残；即使不吃对方，也必杀不赦。人遇到育幼期的雌老虎往往凶多吉少。老虎这种以攻为守的性格，其实是绵延种族的生态学行为，是虎妈妈保护后代的必然手段。如果有谁趁雌老虎外出觅食时偷走它的虎崽子，那么四周将有许多动物遭殃，它将咬死它们以发泄其悲愤。

虎崽子 13 天后开眼，并开始长出乳齿。20 天后眼球由混浊转为明亮有神采，一个月后身上黑条纹逐渐清晰，宛如一只大猫，已具有小老虎的威势，此时它喜欢吃灰石、泥土来补充微量元素的不足。

老虎繁衍后代，养育子女，主要靠母老虎负担，公老虎似乎没有养育子女的义务。一只母老虎一天要吃 35 千克肉食，在它生儿育女后还要更多地进食，以便给虎崽儿喂奶。虎的哺乳期为半年，半年以后，母老虎还得带领子女出虎穴，学习捕猎。母老虎爱清洁，善于游泳。母老虎的舌头不仅是进食的器官，还是为自己和子女净身整容的工具。母老虎居住的洞穴也是清洁的，它不习惯在洞内便溺，子女幼小时的便溺，母老虎都及时清除。

母老虎爱子如命。在它带领子女出穴捕猎觅食时，倘若遇到敌人，它会不惜一切地全力保护子女。

但也有个别的母老虎不会做“母亲”。有一年，北京西郊公园狮虎山的一只东北虎生了一对小老虎，一雄一雌，皮毛漂亮，斑纹清楚，十分逗人喜爱。

那只母虎 11 岁，虽然已生过多胎虎崽儿，但是始终不会做“母亲”。生下小老虎后，它就只管自己吃食睡觉，很少去照料小老虎。由于母虎奶水不足，两只小老虎饿得“嗷嗷”直叫，闭着眼到处乱爬。两天以后，其中一只又冻又饿，躺在房内已没有动静了。这个情况使饲养员十分焦急，他们立即把两只小老虎移到一间温室，用牛奶喂养。

小老虎在幼年时期生长发育得很快，两个月就能长 10 千克左右，一岁时体重能达到 50 多千克。因为奶牛是食草类动物，牛乳的营养远远比不上虎奶的营养，所以用牛奶喂养不能满足小老虎生长发育的需要，必须找食肉类动物做“奶妈”。在食肉类动物中，狗尚能驯服，较为合适。正巧公园饲养场有只猎狗刚生小狗，饲养员就把猎狗借了来。那只猎狗小得像只猫，奶水有限，饲养员又四处联系，到一家医院动物室借来一条强壮的母狗。

刚开始，小老虎一靠近母狗，母狗不是逃跑，就是张嘴咬虎崽儿。饲养员没有法子，就用布条把母狗的双眼和嘴都蒙住，强迫它喂奶。可还不行，小老虎一放到母狗身边，母狗就蹬腿挣扎，小老虎连奶头都叼不到。饲养员仔细观察并分析了这些情况，认为母狗不让小老虎吃奶是出于天然本能，因为小老虎不是它所生，即使蒙住眼睛，凭其嗅觉还能辨别真假，要使它驯服地喂奶，首先要让它真假难辨。于是，饲养员大胆试验，把母狗生的狗崽儿同小老虎一起放到蒙住眼的母狗身边吃奶。母狗起初有点烦躁，似乎感到异样，后来闻闻小狗，也就逐渐安定了。

一个星期后，母狗已经习惯了，即使不蒙眼睛，它也不再去咬小老虎。母狗每天给小老虎喂一次奶，每次 50 毫升左右。喂奶时，母狗温顺地躺在草垫子上，小老虎依偎在母狗怀中，叼住奶头欢乐地吮吸，吮着吮着就睡着了。

母老虎只是当它生病，特别是人触犯了它，打伤了它，接近它的幼子的时候；或者是当人类破坏了它赖以生存的山林，使其食物极其缺乏的时候，才铤而走险，袭击人类。

国际野生动物保护基金会经过长期观察、研究指出：老虎吃人并不是因为饥饿，而是由于口渴。

怎样避免虎伤事件

据统计，印度每年大约有 40 人葬身虎口。为了避免此类事件发生，根据科学家的建议，在虎可能伤害人的森林地区，修建一些比较大的淡水池，以便老虎在口渴的时候，能有充分的淡水可供饮用，它就不伤人了。

狮子与舞狮

公元 87 年，远在西亚的安息国遣使给当时的东汉朝廷送来狮子。狮子，哺乳纲，猫科。雄性体魄矫健，头大脸阔，颈有鬣毛，威风十足。产于西亚、非洲。中国是老虎的故乡，东北虎、华南虎均闻名于世，但不产狮子。中国的狮子是外国进贡后在中国安家的。

狮子来到中国可交了好运。汉朝人虽然没有办法使狮子在中华大地上安家落户，繁衍后代，但却给中国的文化增添了多姿多彩的一页。

我们祖先的想象力、模仿力、创造力实在令人折服。东汉人见到狮子没几年，民间就出现了狮子舞。此后，经久不衰，代代发展。

相传，南北朝宋文帝元嘉二十三年（446 年）五月，交州（今广东、广西一带）刺史擅和之奉命北伐林邑。林邑王范阴的士兵都骑在又高又大的象背上，挥舞着长矛，十分厉害。宋兵则使用短兵器，无法接近，吃了败仗。宋军先锋官宗悫突发奇想：连夜用布、麻等做成许多假狮子，每头由两个战士披架着，隐伏于草丛中。他还在预定的战场上挖了许多又深又大的陷阱。两军再次交战，“狮子”突然跃出，一个个翻动着斗大的血口，张牙舞爪，直奔敌军大象。大象惊恐万状，纷纷逃窜，不少跃进陷阱，人象俱被活捉。尔后，舞狮逐渐传入民间。

千百年来，舞狮是我国人民喜爱的体育活动。狮子是百兽之王，连老虎和大象都怕它三分。它英勇威猛，机智灵活。百姓认为它有驱邪镇妖之功，有如意吉祥之兆。每逢春节，敲锣打鼓，挨家挨户，舞狮拜年，以示消灾灭祸，预报平安吉祥。每逢喜庆的日子，舞狮助兴，更增加了浓郁的气氛。

如今，狮子舞已成为汉族的传统艺术，被视为“国粹”。

中国庙堂、园林建筑中，多以狮子为饰物，在北京的故宫、颐和园等地，铜狮子、铁狮子、石狮子随处可见，相对而言，老虎的形象，就颇罕见了。至于世界闻名的卢沟桥上的石雕，那更是清一色的狮子世界。卢沟桥是用白石建成的，长达 235 米，

狮子

雄狮体魄雄壮，体长 1.7 ~ 1.9 米，尾长 0.9 ~ 1.05 米；头大脸阔，从头部至颈有鬣。雌狮较小，体长 1.4 ~ 1.75 米，尾长 0.7~1.0 米；头颈无鬣。毛呈黄褐或暗褐色，尾端有长的毛丛。栖息树林稀少的沙地平原。通常夜间活动，主食有蹄类动物，如羚羊、斑马、长颈鹿等。每窝产子 2~4 只。产于非洲和亚洲西部及印度孟买林区。

有 11 个桥拱，桥面很宽，桥畔有两幢石碑。桥的两边是一色石雕栏杆，每边各有经过雕刻的石柱 140 根，每根石柱上都有一只蹲伏的石狮。每只石狮子身旁和身上又刻有一些小狮子。这些石狮子形态活泼动人，神情刻画得细致入微，并有雌雄之分。

我国人民对狮子的喜爱还不止于此，苏州建有名园狮子林，广东出产良种狮头鹅，西藏有狮泉河，东海产狮子鱼……中国人还把自己称作“东方醒狮”。

狮子是百兽之王。它威风凛凛，君临天下，不容他人染指自己的领地。一旦向猎物出击，则疾如风、快如电，往往一蹴而就。大多数狮子不攻击人，但也有个别嗜血成性的吃人狮，美国研究人员最新研究揭开了狮子吃人的原因。

芝加哥菲尔德博物馆的研究人员最近研究了三只吃人狮的头骨。

菲尔德博物馆的动物学家布鲁斯·帕特森经研究发现，其中有一只患有严重的牙疾。它的一排牙中少了三颗，下颚的一颗犬齿断裂，牙根还有囊肿。上颚的犬齿畸形，不能发挥正常的作用。长有这样牙齿的狮子很难撕碎硕大、强壮的动物，如 180 千克重的水牛。

菲尔德博物馆还拥有另一具吃人狮的头骨。据报道，这只狮子是 1991 年在靠近赞比亚卢安瓜谷地咬死了 6 人。帕特森发现，这只狮子也患有牙病。它明显受到颌慢性感染的困扰，这种病很疼，但一般不会导致更严重的疾病。据此，帕特森认为，一些食肉野兽，如狮子、老虎、美洲豹等攻击人，是因为它们患有牙病或其他慢性疾病，使它们难以捕捉运动快速的猎物，如斑马和羚羊，而人类是一种比较容易捉到的猎物。与大多数动物相比，人类运动速度非常慢，听力也不是很好。在黑暗中，人类的视力大为降低。

▲ 狮子

不过，19 世纪 90 年代两只吃人狮的另一只并没有严重的牙疾。它只有一颗牙齿有轻微的断裂，这不会影响它的捕猎能力。对此，帕特森猜测说，这只狮子和患有牙疾的一只可能有亲密的血缘关系，因此它也吃人。

帕特森认为除牙疾外，狮子吃人还可能有其他原因。他说：“19 世纪 90 年代的大瘟疫使非洲数百万匹斑马、羚羊和其他动物死去，食物匮乏可能也是狮子吃人的原因。”

豹的家族里有个短跑冠军

▲ 豹

世界上有五种豹：云豹、金钱豹、雪豹、猎豹和美洲豹。我国的云豹、金钱豹和雪豹都被列为国家一级保护动物。猎豹在亚洲已经灭绝，只有在非洲撒哈拉南部地区才能看到。美洲豹虽然分布比较广，从美国西南部到阿根廷巴塔哥尼亚高原中部都有，但数量正逐渐减少。这五种豹在个头、色斑、栖息环境、生活习性上均有差别。

云豹又名龟纹豹，全身呈黄色或灰黄色，因体侧有黑色边缘的云块状斑纹，故名云豹。成年豹体长 85 ～ 100 厘米，体重 15 ～ 20 千克，介于小型和大型猫科动物之间。它是热带、亚热带丛林动物，活动和睡眠都在树上，夜间捕食鸟、猴及其他树栖小动物，也能猎取地面的兔及小型鹿类。

金钱豹因黄色皮毛上密布铜钱似的黑色斑纹，故名金钱豹。成年豹体长 100 ～ 150 厘米，体重可达 50 千克，为大型猫科动物。主要生活在我国东南、西南、东北、华北各省的山区。金钱豹善爬树，常伏树上，能猎食野羊、野猪、猿、猴、马及家禽等。

雪豹是生活在世界最高峰的食肉类动物。体长 150 厘米，但尾巴差不多与身体等长或稍短，并略显粗些。体重约 50 千克。身体毛色呈灰棕或灰白色，其上散布有许多黑斑，头部的黑斑小而密。从头部向后侧形成不规则的黑环，愈向后黑环愈大，环中并有小黑点；但冬毛由于较长所以黑环模糊不甚明显。自肩以后在背脊部还有三条由黑斑连成的三道线直到尾根。整个腹面为白色，也具有少量的黑褐色的斑。尾部有不明显的黑环，末端为黑褐色。雪豹生活在 3000 米以上的高山多岩石的草原和草甸地带。性凶猛，是高山地带最凶猛的野兽，它捕食岩羊、盘羊、北山羊等各种野羊及麏、麝、马鹿等各种鹿类以及野兔和旱獭等动物，有时也袭击家畜牛、羊等，但它从不袭击人。猎捕动物的方式常常是潜伏在岩石旁等待猎物经过或借岩石隐蔽物潜行接近猎物，然后一跃而出，将猎物扑倒在地咬死然后吃掉；倘若扑不到猎物它也不再追赶。雪豹主要在早晨、黄昏或夜间活动，它有固定的巢穴，通常是在岩石下，白天几乎全在洞中休息。雪豹常是成对生活，每年春季发情交配，5～6月产子，每次可生2～3只，哺乳期过后，由双亲带回猎物哺育。

雪豹在我国主要分布在新疆、青海、西藏及宁夏的阴山山脉、四川西部。国外主要分布在中亚地区。由于它栖身高山旷野，又善隐蔽，较难捕获，是一种非常难得的珍兽。

猎豹全身浅黄并杂有小黑斑点，外形大体如金钱豹，头及身体有点像猫。成年豹体长120～130厘米，身高75厘米左右，体重45～50千克。猎豹看上去体态苗条，风度翩翩，所以与长颈鹿和斑马并称为动物界的“三王子”。

猎豹目光锐利，四肢强健，动作迅猛，在非洲五大动物猎手（狮子、鬣狗、野狗、花豹及猎豹）中排列第二。它主要以捕猎羚羊和野兔为生。在猎取猎物时，常常采取迂回包抄的战术，从后面和侧面发动进攻，或者是埋伏在灌木丛中，凝神静息，以逸待劳。如果猎物来到了距它50米以内，猎豹便突然跳起，像离弦的利箭直冲向前，两秒钟之内就能将猎物扑倒。据观察，猎豹从静止状态到时速70千米，只需要两秒钟。在所有陆地动物中，短距离的速度冠军是猎豹，在适宜的平地上，它的最高速度为96.5千米/时～101.4千米/时。据记载，早在公元前800多年前，波斯王朝就驯养猎豹，帮助狩猎。

猎豹的腿长且直，遇小土丘处不便于做急速转弯，所以不少猎物遭遇猎豹追击时，常以锯齿形的线路奔跑或在草丛小山丘间作不规则蹦跳，使猎豹发挥不了快速的长处，一无所获之后只得悻悻而归。据统计，猎豹在低荒草地、地势低平的地方捕猎成功率达70%，在草高、小丘起伏处仅为37%。

猎豹的生活很有规律，通常昼出夜息，早睡早起。它一般清晨5点半左右起来，然后外出觅食。猎豹每天平均要走4千米，最长达十几千米。它一般每天捕来一只猎物，每顿能吃9千克左右的肉食。有时捕猎到一只大羚羊，能吃上一两天。

美洲豹是最大的豹，成年豹体长112～185厘米，体重可超过50千克。它生活在密林、灌木丛、沿岸林地、芦苇丛中，以鼠、貘、水豚、树懒、鳄鱼、龟、蛙、鱼等为食。因其嗜饮水，所以干旱地区没有它的踪迹。

善于游泳的云豹

别看云豹平时以树为家，但它可不是旱鸭子，它游泳的本领也不差。它在水里的时候，就算是放着两只前爪和一条后腿不用，仅凭借另一条后腿也可以轻松地游动呢！

靓丽的金丝猴

灵长类动物中最漂亮者莫过于金丝猴。有关专家比较了全部近 200 种灵长类动物，没有一种能与中国金丝猴相媲美。

金丝猴身上披着黄色丝样的毛，长达三十多厘米，由此而得名。这种猴子的鼻骨极度退化，即俗话所说的没有鼻梁子，因而形成上仰的鼻孔。

金丝猴脸为天蓝色，在头顶上生有黑褐色毛冠，两耳长在乳黄色的毛丛里，棕红色的面颊由橘黄色衬托。胸和腹部是乳白色，而四肢外侧却为棕褐色，色泽越向体背则越深，从那深色毛区中，伸展出缕缕金丝，犹如贵夫人的金色斗篷。金丝猴的体毛五颜六色，风雅华贵。雄猴威武雄壮，雌猴婀娜多姿，真不愧为当今美猴王。

▲ 金丝猴

金丝猴生活在海拔 1400 ～ 3000 米的阔叶林和针阔混交林，几与大熊猫同域分布，同样惧怕酷暑而耐严寒。滇金丝猴则生活在海拔 3800 ～ 4700 米的热带松杉林中，那里山势陡峭，气温很低。滇金丝猴一年中有好几个月都在雪地生活，故又有“雪猴”之称。几种金丝猴均在树上活动的时间多，没有固定的住处，晚上都在树丫间挤着睡。滇金丝猴喜群居生活，在清晨或黄昏活动。它是世界上栖息地最高的灵长类动物。金丝猴最大的群体可达 600 余只，在灵长类动物中，如此庞大的群体实属罕见。它们主要在树上生活，也到地面上找东西吃。主食有树叶、嫩树枝、花、果，也吃树皮和树根以及昆虫、鸟和鸟蛋。吃东西时，总是吧唧着嘴，显得那样香甜。寄生在高山针叶林区的松萝是滇金丝猴的食粮。松萝的寄生影响树木的生长，所以滇金丝猴可以称得上是森林的“小卫士”。母爱在金丝猴身上表现得非常突出，母猴无微不至地关心和疼爱自己的孩子，尤其是在哺乳期，母猴总是把子猴紧紧地抱在胸前，或是抓住小猴的尾巴，丝毫不给独自离开玩耍的自由。在此期间，朝夕相处的丈夫尽管向夫人献了许多殷勤，又是理毛，又是捡痂皮，也别想摸一摸自己的后代，更甭提抱抱小猴亲热亲热了。母猴总是抱着小猴，把背朝着自己的丈夫，丝毫不给丈夫抚爱子女的机会。

金丝猴是较古老的动物，早在三百多万年前就已经存在，曾在四川、贵州及广西的山洞堆积物中找到金丝猴的骨骼化石。历年来，由于乱捕滥猎，几种金丝猴的数量日渐减少，其分布区由过去的西南、华中广大地区缩小为现在仅限于川、陕、甘以及滇、贵、鄂的局部山区。产于贵州梵净山的黔金丝猴是世界上最少见的灵长类动物之一，已不到 500 只，是世界上濒危物种；它曾在北京动物园展出过；国外只有一个皮张，国内也仅有这种金丝猴的 4 个标本和一个头骨。

“滇金丝猴对许多人来说可能很陌生。有的人虽然知道它的名字，但从未见过其尊容。”台湾学者韩联宪在他的文章中这样说。由于滇金丝猴生活的地区山势险峻，森林茂密，海拔极高，交通不便，对滇金丝猴的研究很困难。1890 年，两名法国人在云南德钦县猎获 7 只滇金丝猴并制成标本运回了法国。之后许多科学家都推断这种稀有的动物可能灭绝了。直到 1979 年，我国的动物学家才在野外第一次看到了活蹦乱跳的滇金丝猴。

后来，四川卧龙自然保护区的野外观察站的观察员老田，在卧龙自然保护区里也看到了金丝猴，并目睹了它们午睡的全过程。

一天，保护区天朗气清，山色明丽。老田穿行在海拔两千多米的云杉林中，向金瓜树沟进发。

他刚走进沟口，远处忽然传来一片喧腾的尖叫声和攀折树枝声。他猛一抬头，立刻惊呆了：前面大树上金丝猴飞的飞，跳的跳，大大小小来了一大群。他机警地就近猫下腰，拿携带的雨衣将脑袋盖住，只露出两只眼睛，想把它们的行踪观察个够。

这时，两只毛色华丽的成年公猴，连跳带飞，来到离老田二十多米的地方，叽嘎地叫了两声，紧跟在后的壮猴、老猴和小猴，便一齐停了下来。唯有十几头不大懂事的小毛猴，却越来越近，十几双机灵的小眼睛好奇地盯着顶雨衣的老田。那两只“前哨”公猴中的一只，好像要查明可疑迹象，故意跳到老田隐蔽处的树上，拉屎、撒尿，进行试探，随后又“咿——噢”一声长鸣。老田以为这个“哨兵”发现了自己，通知猴群逃跑呢。但他仰面观察时，发现远远近近的猴子却原地不动，林里一片寂静。再仔细瞧，猴子们开始闭起眼睛要睡觉了。

猴子岛上的猕猴群

海南岛陵水县南部新村港对面的南湾半岛，1976 年 5 月被定为南湾自然保护区，面积为 14 000 亩，主要保护对象为猕猴。

南湾半岛，为海洋性气候。一年四季充满春天气息的南湾，生长着茂密的阔叶灌木，这里繁花似锦，绿草如茵，番石榴、野菠萝、水柿、山蕉、山橘等五十多种野果遍地都是，犹如《西游记》里的花果山。

猴子岭是南湾半岛最高的山峰，海拔 247 米。很早以前，这里有数以千计的猕猴，后来森林毁坏，逼得它们无处安身，加之遭到任意捕杀，到 1965 年只剩下五六十只，并逐年减少。建立自然保护区后，猕猴才得到繁殖增长，现已达到几千只。

猕猴一年一胎或三年两胎，每胎一子。母猴很疼爱小猴，从出生到下次发情期，一直将小猴抱在腹下。小猴长到 5 ～ 6 个月后，生活就能自理了。当小猴长到 3 岁左右，是雌的就可继续留在猴群里生活，是雄的则被迫离开过流浪的生活，待到年轻力壮时，方可回到原猴群，并可与猴王争夺王位。

猴子的天敌是蟒蛇。蟒蛇常常用尾巴圈成一个圈套，一有猴子落套，就用尾巴猛力甩打，直到把猴子甩打得骨碎如泥，再慢慢吞噬。这里的猕猴对付天敌有种办法，就是请保护站的管理人员救助。有一次，一只母猴来找保护站的管理人员，抓住他的手又叫又摇，往灌木丛中拉。一看，原来是一条大蟒蛇，蜷成螺旋形，像一堆黑色的石头埋伏着。管理人员立即采取措施，为猕猴解了围。

猴子很诚实，它也希望人和它们以诚相待。你若珍惜它、爱护它，它不仅和你和睦相处，而且会非常高兴地给你表演各种滑稽可笑的动作，讨你喜欢。如果你捉弄它、欺骗它，它对你也不客气。有一次，一位年轻的游客，手里拿着一包花生逗猴子，几只猴子很有礼貌地来到她的面前，她却一粒花生没给。猴子急了，趁她不注意抢走了她手中整包花生，而且狠狠地咬了她一口。据说这种血的教训经常发生，被咬的

猕猴

猕猴，也叫“恒河猴”。体长 55 ~ 60 厘米，尾长 25 ~ 32 厘米。毛色灰褐，腰部以下橙黄，胸腹部和腿部深灰色。颜面和耳裸出，幼时白色，成长后肉色至红色。有颊囊，用以贮藏食物。臀部有红色臀疣。群居山林中，好喧哗玩闹。采食野果、野菜，也吃昆虫、小鸟等；冬季常结队盗食农作物。分布于南亚、东南亚以及中国云南、贵州、四川、青海、陕西、河北、广西、广东、海南、福建、西藏、山西、浙江、安徽等地。

人当然很后悔，但无法挽回了，猴子们已扬长而去。

猴岛还发生过一个真实而有趣的故事。1983 年 4 月的一天，守岛部队的战士正在兴致勃勃地看电视时，突然一个猴王领着一群猴子毫不客气地坐在战士的前面也看起了电视。开始，由于好奇心，它们看得很认真，可看了一会儿，有几只小猴子就吵闹起来，猴王看到这种情景非常生气，站起来就给小猴子几个耳光，小猴子立刻一声不吭，乖乖地看起了电视。从此，部队战士每次看电视都将前排座位留给它们，它们也准时来看这奇妙的玩意儿。

▲ 猕猴

猕猴已被国家列入二级珍稀动物，别看它们在动物世界中不起眼儿，可它们却享受着其他动物所不可比拟的待遇。驻岛部队对它们采取严密的保护措施，就连喂给它们吃的东西都是经过精心选定的，并要经过严格的消毒。现在它们按管理人员的规定，每天下山两次。开饭集合哨一吹响，霎时，漫山遍野的树枝摇动，传来一阵阵“唧唧吃吃”的叫声。不一会儿，一群猴子窜到装谷子的竹篱旁，用前肢抓起苞谷就吃。它们好动好闹，时而爬上石桌、石凳、石柱顶聚餐，时而推推搡搡争食。有的边吃边抓脸挠耳，有的跑到树上荡“秋千”嬉闹。而抱着吃奶小毛猴的母猴很谨慎，选择角落蹲下来，一边转动着机警的双眼，顾盼左右，一边贪婪地吃着谷子，嘴里塞进谷子，吐出谷壳，快得活像脱粒机。

此刻，它们不仅可以结识一批新朋友，和中外游客一起欢度那令人难忘的时光，而且还可以饱餐一顿游客们带来的美味佳肴。

灵长动物猿猴，就血缘关系来说，与人类同属一目。“灵长”一词源于希腊文，含有“灵活、聪明、智慧”的意思。猴子不但善于观察与模仿人类的一些行为，进行滑稽表演而受到人们的青睐；而且还在分子生物学、免疫学、细胞遗传学、环境生态学、病理学、宇航科学等实验中大显身手，对人类做出了重要的贡献。

医学科学研究中，许多不便在人体上进行的试验，必须由动物替代，若根据研究的器官、组织、系统的特点来确定实验动物，猴是最理想的。猴感觉灵敏，行动迅速，这是由于它具有发达的脑神经。所以猴是研究神经系统的极好对象。

短尾猴世界探秘

在我国，最珍贵的猴是金丝猴；然而，研究比较全面又最有意义的却是黄山短尾猴。

短尾猴是一个游荡的种族。生活在安徽地区的短尾猴分布在皖南海拔较高的山林地带，以黄山及其附近的歙县、休宁等五个县数量最多。黄山海拔 600 ～ 1500 米的常绿落叶混交林和落叶阔叶林是猴群栖息、生活的主要场所，但它们无固定的栖息点。黄山的几个短尾猴猴群，各把持着几个山头进行循环活动。它们在一处活动数天后，开始作漫游迁移。漫游中，由成年雄猴带队，雌猴和小猴夹行中间，后面又有成年雄猴压队，幼小的猴紧抱在母猴腹下。猴群漫游迁移所选择的路线，一般都是乔木林带或悬崖石壁，而不在树上攀缘前进。猴群在行动时，除冬季边行边寻食外，其他季节似乎有一定的目的地，所以行走时发出的响声小，速度快，每小时最快可达 6 ～ 7 千米。迁移过程中，常有调皮小猴掉队，它立即发出呼叫，随后猴群中也发出同样的叫声相呼应，等掉队猴赶上后才继续前进。短尾猴十分喜爱泼水做戏，特别是小猴更甚。每当路过山泉水溪，它们总要滞留 1 ～ 2 小时，往往弄得全身淋湿方才离去。下午 4 时后，猴群寻找到符合它们的栖息环境就不再移动。夜间，猴群分成几堆，幼年小猴夹在中间，成年猴在外侧互相拥抱成团在石壁上入睡，睡眠时猴群警觉性很高，稍有动静它便发出惊叫。

▲ 短尾猴

短尾猴的小群约 20 ～ 40 只，大群可达 50 ～ 70 只。每群均由身强体壮的成年雄猴充当“猴王”，负责指挥猴群的一切行动。短尾猴的食物以植物为主，也吃少量动物。

短尾猴过着家长制管

理的群居生活，这对共同防御天敌，捍卫本群栖息活动场所等方面有重要意义。猴群每留居一处进行觅食活动时，必有数只成年猴攀树登高担任岗哨，一旦发现异常情况，立即发出报警叫声，随之整个猴群隐蔽逃窜。

短尾猴的每一生活群，除了在食物极其缺乏的情况下，一般不侵犯其他猴群的栖息活动区域。即使一群无意侵入，而当听到对方群体在活动时所发出的响声会立即避离。可是，一旦发生侵入现象，两群必将引起一场争夺地域的激战，片刻后打败的一群迅速逃离。

在短尾猴中，常常见到这样一种现象，就是一只雄猴或雌猴尾随一只特定的雌猴或雄猴，两者频繁地离开群中其他猴子一起活动、一起作息，相互捋毛，这可能就是一对“夫妻”。但它们喜新厌旧，这种关系一般只保持 3 ～ 30 天，然后各自更换自己的原来对象，继续各自去找下一个“意中人”。但是，它们在性交时，必须躲着进行，因为猴王是所有雌猴的占有者。一旦雄猴“偷吃禁果”被发现，就会被猴王咬得遍体皆伤，而且在以后的日子里连食物都不准吃。

短尾猴怀孕期为 8 个月左右，每胎一子。幼猴一般体重 550 克，半年后可达 2000 克，并停止吃乳，一年后逐渐离开母猴单独活动。

短尾猴中，每一群的个体有着明显的等级变化。根据它们的进食顺序、占有配偶及在群体中所表现的作用等行为分析，可把每一个生活群中的所有猴子划分为 4 个阶层。“猴王”位于群体中首领地位，属第一阶层。第二阶层由数只（一般为 2 ～ 4 只）被称为“次雄”的年轻雄猴和几只受“猴王”、“次雄”们宠爱的“爱妃”（雌猴）及与它们有血缘关系的幼猴组成。“次雄”协助猴王指挥该群行动。猴群找到食物后，总由“猴王”和“次雄”们先吃，再由雌、幼猴吃，最后才轮到大部分猴子。这种进食顺序特别在缺食的情况下显得更加严格、突出，逆反者必遭到撕咬。第三阶层是一般雌雄猴子，表现为屈服强者，遵守规矩。第四阶层地位最低，通常仅有 1 ～ 2 只猴子，是受气猴。它们一般是“篡位”未成者，或者是有偷偷寻找食物的现象。

目前，科学家已经掌握了不少有关黄山短尾猴与其他猕猴的不同点，如生态模式、交配行为、雄猴与雄猴之间的社会关系以及种群的增长规律等，这些成果对认识人类的进化与起源有一定的借鉴作用。

《短尾猴》

短尾猴很像我们人类的祖先猿猴，尾巴很短，只有 3 厘米长，能站立行走好几分钟；在树上行走，不像其他猴类需要依靠尾巴来平衡身体。它可以阐明猕猴类之间的起源和进化的相互关系，从而有助于我们认识人类的起源和进化。

短尾猴只产于中国，主要分布在长江以南的安徽、贵州、四川、湖北和广西等地。

猴子趣闻录

猿猴的母爱

一般认为，只有人类、黑猩猩和日本猴等高等动物，才具有执著不渝的母爱。日本科学家在非洲马达加斯加岛进行的一项调查首次证明，即使是低等的猿猴类动物，它们给予下一代的母爱，同样令人感动。这一发现为人们研究母爱的起源，提供了十分宝贵的资料。

所谓猿猴类动物，是比日本猴、黑猩猩等类人猿更为原始的灵长类动物的总称。它们的身材比类人猿矮小，毛发遮面，四个爪子十分尖利。大约数千万年前，我们的祖先类人猿从猿猴类动物中分化而出，并独自进化成了人类。

猿猴类动物由于四爪尖利，无法很好地搂抱自己的孩子。但是，它们深深的舐犊之情，丝毫也不亚于日本猴等接近人类的动物。科学家发现，对于出生不到一个月的幼猴，母猴总是不停地用舌头舔它们的身体，并用嘴梳理它们的毛发，舔去虱子。刚出生的幼猴，紧紧地依偎在母猴怀里吃奶。大约一个星期之后，便能抓着母猴的毛发，爬上母猴的脊背上玩耍。如果不慎落地，只要一听到呜呜的叫声，母猴便会马上抱起。

大约半数的幼猴，一出生便夭折了。这时，母猴总是久久地站在死去的幼猴的身边不忍离开。有的母猴返回猴群后，又重新折回原地，深情地舔着死去的幼猴。一只被取名“梅”的 10 岁母猴，甚至抱着死去的幼猴走了好长一段路程。

泰国猴子城

泰国有一个猴子城，位于曼谷北面的华富里，这里有七百多只野生猴子。由于这里的猴子是宗教的象征，受到法律保护，尽管群猴包围寺院，阻塞交通，劫掠行人，抢夺商店，人们却从不反抗。只有警察被允许用皮靴踢捣蛋的猴子，但猴子很乖巧，总是避开警察。

清晨，猴子跑入集市，转眼间把水果、蔬菜甚至鱼类抢个精光，人们对此无可奈何。过后它们又跑到祭祀死人的普拉卡寺庙，混在人群中仿效祈神拜佛。在闹市区，几乎一切都和猴子有关，无论是哲学艺术品、演木偶戏，或是民间说唱，都可看到猴子混迹其间。

在华富里，由于人猴共处，猴子已学会拉开易拉罐喝可口可乐，拧开水龙头喝水等，偶尔还可看到母猴让幼猴躺在婴儿车里喝牛奶的情景。

每年 11 月的最后一个星期日，是表示人猴友好的日子，由王室出面宴请猴子。中午，在市中心各庇护所，摆满了各种美味佳肴，招待群猴。

猴子在印度

猴子在印度人眼里是一种圣灵，处处受到保护。猴子滋事骚扰，给人们带来不便，但它又会给人以帮助。

有个男孩在萨尔尤河洗澡，不小心坠入深渊，岸边树上坐着的一只猴子看到男孩行将没顶，立即跳到河边把男孩拖上了岸。

▲ 小猴子

还有一次，一只猴子闯入一间办公室，让人们看它头上的伤口。当人们把它领到医院时，它又重复了同样的动作，直到医护人员为它包扎好为止。

正当强盗破门而入准备抢劫米德纳普尔县一户居民时，这家养的一只猴子突然从身后死死掐住一个强盗的脖子。人们闻讯赶来，把强盗扭送到警察署。

1981 年印度独立节时，在坎普尔县的一次集会上，当大会主席上前升旗时，坐在墙头的猴子迅速跳下来，抢先拽住绳子将旗升起，让在场的人惊叹不已。

猴子不是在抓痒

在动物园里，常常可以看到猴子用爪子在身上乱抓，一会儿捏着什么，就麻利地送到嘴里嚼着，一般人认为这是猴子在抓跳蚤或虱子吃。

其实，猴子身上是极少生蚤或其他寄生虫的，它们在身上抓的是出汗后结在细毛下的盐粒，猴子就是靠这种盐粒来增加身体的能量。原来，一般动物体液中含有一定的盐分，心脏才不至于停止跳动，肌肉才有刺激适应性；而素食的猴子，食物中所含的盐分很少，所以猴子就得到处找盐粒吃，以补充身体的需要。

类似的情况在动物中并不罕见。如猫舐身子并不是为自己“洗澡”，鸟啄羽毛也不是为自己“梳洗”，而是通过舔食，吸收体（羽）毛上的维生素 D，以补充体内的不足。

从猿猴身上寻找古人的影子

在非洲坦桑尼亚哥姆-斯特里姆地区，有一片茂密的森林。森林里藤蔓参差，浓荫蔽日，几乎没有人迹，只有黑猩猩和各种猴子在森林中戏耍觅食。从1960年起，森林中出现了一个二十来岁的姑娘，她搭起了窝棚，在可怕的森林中竟先后生活了十多年！她，就是英国人类学家简·古道尔。

古道尔到森林中去干什么呢？原来，森林中的黑猩猩与人类是同一个老祖宗传下来的“表兄弟”。远古时代的人类是什么样子？可以从黑猩猩身上找到影子。她通过十多年的观察和研究，于1971年出版了《人类的远亲》一书，为研究黑猩猩和人类起源做出了很大的贡献。

使用和制造工具，是人类区别于其他动物的一个重要标志。现在知道，这种能力在某些猿猴身上已见其端倪了。古道尔在20世纪60年代首先观察到黑猩猩会使用工具。此后，凡观察到的黑猩猩群体已证明都是会使用工具的。20世纪90年代初，美国《时代》杂志记者E. 林登追随瑞士生物学家波什在非洲象牙海岸的森林里考察时，发现黑猩猩使用“锤子”敲开坚果的方法十分巧妙。它利用树上的结节洞眼作为“砧板”，首先将坚果放到洞眼上，然后用木块敲击。如果坚果太硬，就用石块代替木块作“锤子”。有一次，他们还看到一位黑猩猩妈妈如何帮助她的孩子纠正操作方法。常会传出因此而产生的敲打声，不明真相的人还会以为有木匠在那里干活呢！

这种“生产”活动和“教育”活动，显示了黑猩猩“文化”的某些特征。同人类一样，这种“文化”也是形形色色的，因地而异，换句话说，是由不同条件下的生存需要形成的。例如栖息在水果丰富地区的猩猩，以及胃肠能消化树叶的山地大猩猩，就没有那种“锤子文化”。坦桑尼亚的黑猩猩也不会敲碎坚果剥取果仁为食，却会用茎块做工具，捕食白蚁。低地大猩猩捕食白蚁时则不用茎块，而是敲打蚁穴顶端，让白蚁爬出来，然后取而食之。

黑猩猩还可提供更加明显的例证。它们以果实为食，就需要识别哪里存在结了果的树林。而事实上，野外考察者们就目睹了黑猩猩们在其首领的带领下，径直地走到一株又一株满挂成熟果实的树下采果大嚼的情景。当它们需要利用石块作锤子敲击坚果时，它

猿

猿（猨、蝯），哺乳纲，灵长目动物。形态跟猴相似，有些特征跟人类相近。没有尾巴和颊囊。猩猩、黑猩猩、大猩猩和长臂猿都属于猿。

们甚至还可在视线外找到上次使用后留下的石块。这说明它们有着一种记在脑里的意向图。这种智力一般是只有9岁左右的儿童才具有的。

▲ 猿猴

黑猩猩并非完全素食；肉类也是它们食物中的重要组成部分。如它们常猎食一种躯体较大而行动迟缓的猴子，并且设计突袭，由一头黑猩猩在后追赶，其他黑猩猩在前面堵而逮之。肉食不仅可以提供更多的能量和营养物质，而且需要更高的智力才能取得，因此也是促进大脑发达的重要原因。恩格斯曾把由单纯素食到同时吃肉的转变，看做从猿到人的演化中的重要一步。这种转变，其实在人类的祖先从猿猴分出之前已经开始了。

猿猴大脑的“低人一等”之处，还突出地表现在它们缺乏语言的能力。但猿猴既然是一种社会化的动物，它们在觅食、狩猎、游乐、交配等活动中有信息交流的需要，也促使它们会使用某种不是语言的“语言”。

在野生状态下，这种“语言”就是各种不同的姿势。如在非洲广泛分布的长尾猴中间，显露眼睑，盯住对方，则表示威胁；猛然摇动头部或上半身，则表示挑衅；张开大口，则表示紧张；爬骑、显露阴茎，则表示支配者的地位，等等。在大猩猩中，还会发出某种类似野猪叫的咕噜声，来表示警告、惩戒或命令；发出类似猫头鹰的叫声，来表示好奇或惊恐等。

在人工豢养的情况下，黑猩猩甚至表现出具有学会和使用符号语或手势语的较强能力。如在掌握某种事物或动作与一定符号或手势的联系后，会通过指点黑板上的符号，按动带符号的键钮，以及做出某种手势等方法，来表示它们需要某种食物，或要人做某种动作等。

但黑猩猩即使经过人工训练，至今仍没有学会简单的人类语言的成功记录。在野生状态下，甚至手势语也只在不得已时才偶尔使用。这说明由于遗传的、生理的原因，它们绝不可能逾越动物与人类的界线而出现奇迹。如果与其他动物相比，则黑猩猩间进行的信息交流，不但使用的手段远比蜜蜂、蚂蚁所使用的高度程式化的信号系统优越，而且内容也丰富得多。这又说明就信息交流的能力来说，猿猴仍是人类当之无愧的远亲。

黑猩猩趣闻轶事

大多“左撇子”

野生黑猩猩和人类一样，平时习惯用一只手做事。但是与人不同的是，大多数被观察的野生黑猩猩是“左撇子”。

据德新社报道，美国亚特兰大市埃莫利大学的研究人员研究了生活在坦桑尼亚国家公园里的 17 只黑猩猩。他们特意选择在雨季白蚁活动频繁的 40 天中对这些黑猩猩进行观察。研究人员发现，黑猩猩会把草、小棍等放在通往白蚁巢穴的路上，白蚁爬到上面时，黑猩猩就可以毫不费力地享受一顿美餐。而此时，大多数黑猩猩都会使用左手完成这一系列动作。但这个习惯究竟是后天养成的还是遗传因素使然，研究人员目前尚不清楚。报道说，到目前为止，科学家通过对人工驯养的黑猩猩进行观察发现，与野生黑猩猩相反，它更喜欢用右手。现在已经有一些科学家开始怀疑，这一现象是否是黑猩猩特有的行为。他们认为，动物不应该在用哪只手干活这个问题上存在偏好，它们只是用习惯的那只手罢了。

能爱能恨

在现今的地球上，有三种最高等的动物：产于印尼的猩猩和非洲的黑猩猩、大猩猩。其中，从形态结构和生理状态来看，最接近于人类的要算是黑猩猩了。它的智力发育仅次于人类，经过调教可以学会不少人的动作，如吸烟、骑车、穿针线、解扣、开锁、溜冰等，大连动物园的黑猩猩在主人的授意下，还会把前肢举在额前向来人敬礼，然后同人一一握手，表示欢迎。

几年前，广州动物园进口了一对一岁的黑猩猩，雄的叫“黑子”，雌的叫“黑女”。它们在主人的精心饲养下，渐渐长大，日益聪明，整天蹦蹦跳跳，攀枝荡秋千，翻筋斗，时而又发出叫声，常常逗得观众笑声不断。它们的记忆力也很强，如果你跟它们玩过一次之后，相隔较长的时间，即使你距它们很远，只要它们发现了你，就会放声大叫，并跳个不停。当你走近时，它们就争先恐后地伸出前肢和你握手，临分别

黑猩猩

黑猩猩也叫“黑猿”。体高 1.2 ~ 1.5 米。毛黑色，头较圆，耳大，向两边突出，眉骨高，两眼深陷；鼻小，唇长而薄；前肢长过于膝部。生活在非洲中部和西部的热带森林。成小群，常下地活动，能直立行走。晚间在树上筑巢过夜。杂食性，嗜食果实。从小饲养，可教以比较复杂的动作，适于作动物心理试验。

时，它们就嚷着，目不转睛地望着你直到看不见为止，表示欢送。

公园工作人员常跟它们接触，成了它们的“朋友”。尽管如此，但只要对它们稍不友好，它们就会翻脸不认人了，还马上给你以一个越礼的“报答”。有一次，“黑女”做很不卫生的事，工作人员边吆喝边做打它的手势，它不高兴了，一转身就拿果皮、粪便向他掷来。

还有一次，一位曾经给它打过针的女兽医在笼边工作，被它用两个前肢抓住头发往里拉，在一旁的两位同事用拳头打它也无法解脱，直到拿来铁棒时它才罢休。它这种恩将仇报的行动实在令人哭笑不得。

更使人惊奇的是“黑女”还会告状。可能曾经因打针疼痛引起它害怕注射，一次一位同志用棉签触了触它的臀部，它便立即吼叫起来，两个前肢抱头在地上打滚。这是怎么一回事？正当人们有点紧张的时候，主人来了，它便马上抬起屁股向着主人，然后怒目向着那位同志大叫，主人就问：“你准是动了它的屁股，是不是？”这一突然而准确的发问使人们惊呆了：它还会告状？

会照镜子

大猩猩对着镜子不能认出自己，然而，大猩猩的近亲黑猩猩却具有这种能力。美国一名动物学家曾做过这样的试验：他把一面大镜子放在一个装着一些黑猩猩的笼子前面，并观察其反应。起先，黑猩猩对待镜子中自己的形象，就像对待其他猿类那样。但是过了大约两天，它们就明白了事情的真相。于是，这些黑猩猩就对平时所不能看到的自己的身体各部分进行探究，在镜子前待了很长时间。甚至在从牙缝中取出食物残渣或做鬼脸时，它们也会对着镜子仔细观察自己。

▲ 黑猩猩

以后，人们在黑猩猩入睡后给它们脸上涂上一些没有气味与擦不掉的颜料，并把镜子拿走了几天。黑猩猩的举止表明，它们起初丝毫没有觉察到自己脸上有颜料。但是当把镜子重新放在笼子旁边时，黑猩猩照镜子后就发觉自己脸上的斑点了。它们开始去摸、去嗅，并试图把它擦掉。这些试验最终证实，黑猩猩对着镜子是能认出自己的。对大猩猩也曾做过同样的试验，但并未得出任何结果。

妈妈教女儿做母亲

据美国一位灵长类动物学家说，在一只大猩猩生产后，它的妈妈教它如何照顾幼子，这一情景正好被工作人员看到。

约内是一只被捕获的西部低地大猩猩，11 岁，在它第一次产子时是一个很不称职的妈妈，对它的幼子不闻不问。后来加利福尼亚圣迭戈野生动物园的管理员不得不替它代行母职。不过，在它第二次产子时，它的妈妈过来帮助了。

最初，约内只是将幼子扔在地上，它 21 岁的妈妈——艾伯塔便将幼子抱起来递给约内。但约内根本无意将幼子接过去，于是，艾伯塔走到离约内更近的地方，将幼子送到约内眼前，直到约内终于将幼子接了过去。两天内，密切监视约内的管理员看到了好几次母女之间这一类行为。到了第三天和第四天，管理员发现约内已经怀抱幼子了。

《新科学家》杂志报道说："有时候，艾伯塔会抓住幼子的胳膊，约内便会将幼子递给艾伯塔，但当幼子蜷进祖母的怀里时，约内便会很快将它夺回来。随着时间的推移，艾伯塔便慢慢地参与得少了。"

大猩猩妈妈往往会教幼子行走和攀援，但专家们相信这是首次在大猩猩中看到"祖母大显神威"的情形。

▲ 大猩猩

在幼子 10 个月大的时候，约内去世了，不过它的幼子被另一只母猩猩成功地收养了。

大猩猩妈妈不但能教女儿如何做母亲，还会使用工具呢！

2005 年 9 月 29 日，一位研究人员说，两只雌性大猩猩使用木棍穿越沼泽地区的情景被拍摄下来，看见类人猿在野生状态下使用工具这还是第一次。

德国莱比锡的马克斯－普朗克

进化人类学研究所和野生动物保护协会的托马斯·布罗伊尔说："这是一个真正的惊人发现。"

研究人员说，这一发现可能对揭示人类如何使用工具的过程有所帮助。

他们在研究报告中指出："尽管有被关着的大猩猩使用工具的报道，包括扔东西和进食时使用工具，但据我所知还没有野生大猩猩使用工具的报道，尽管实地研究已进行了几十年。"

他们的报告发表在《科学公共图书馆生物学》杂志的网站上。

所有大型的类人猿在笼子里都使用工具，但是科学家认为这只是在模仿人类，不一定反映自然行为。

"野生类人猿使用工具给我们提供了深入研究人类进化和其他物种能力的宝贵资料。首次看见大猩猩使用工具在很多方面具有重要意义。"他们描述了在刚果共和国北部雨林中看到两只大猩猩使用工具的情景。

布罗伊尔和他的同事在报告中写道："第一次是在刚果北部森林中一个空旷的沼泽地里，我们看到一个成年的雌性大猩猩蹚过一片汪洋时拿一根树枝作手杖试探水的深浅，第二次是另一个雌性大猩猩拔掉一棵死灌木。"

他们写道："它们双手用力拉倒灌木，左手拉着灌木，右手采摘食物。然后双手将树干折断，放在面前的沼泽地上，然后双脚踩着这个自制的桥走过去，接着四足着地，向空地中间走去。"

大猩猩

大猩猩也叫"大猿"。体躯壮大魁梧，雄性高约 1.65 米，雌性高约 1.4 米。前肢比后肢长，后肢拇趾靠近其他四趾，适于在地上生活。犬齿特别发达。脑比人脑小得多，但结构和人脑最为相似。毛黑褐色，略发灰，老年时灰毛增多。栖息于密林中，雌性和幼子常树居，雄性多半在地面上生活；通常 3 ~ 5 只在一起生活。性凶暴。主要以植物嫩芽、野果为食。分布于非洲西部和东部的赤道部分地区。

大猩猩是人类的"表兄弟"，世界上大猩猩的数量稀少，保护它们刻不容缓。

山地大猩猩是大猩猩的一个亚种，数目更少，大约只有 1000 余只，主要分布在扎伊尔、乌干达和卢旺达境内的基伍湖地区，属濒危种。

为了拯救这个濒临灭绝的物种，勇敢的自然保护卫士黛娜·福斯在世界范围内掀起了一场保护山地大猩猩的运动。倘若没有她火一般的热情，山地大猩猩恐怕已经从地球上消失了。

1986 年，黛娜·福斯逝世了，但她的主张仍旧得到众多人士的响应。目前，已有成千上万的人在为山地大猩猩的生存而奋斗。在他们的推动下，有关国家和国际团体都纷纷制定山地大猩猩保护计划（MGP），为山地大猩猩渡过劫难创造条件。

三峡啼猿之谜

三峡西起四川奉节的白帝城，东至湖北宜昌的南津关，全长200千米。两岸悬崖峭壁，峡谷幽深，风光绮丽。在古人写三峡的诗文中，最脍炙人口的，恐怕要算李白所作的《早发白帝城》一诗："朝辞白帝彩云间，千里江陵一日还。两岸猿声啼不住，轻舟已过万重山。"诗句不仅描绘了三峡的壮观景色，同时也为后人提供了我国猿的种类和分布的佐证材料。

▲ 长臂猿

根据出土文物，特别是根据殷墟发掘出的野象、犀牛、猿等热带动物分析，古代黄河流域很可能有过猿类。可以肯定的是，我国古代猿类分布的最北界至少在长长江流域。从李白诗中可以得知，这里猿的数量较多，成群分布。从白帝城至南津关，一路上两岸猿声此起彼伏，连绵不绝。当年的三峡原始森林林木参天，荫翳蔽日，猿类属于树栖的攀援类动物，三峡蓊郁的森林为猿类的生存、繁衍提供了必要的条件。

古代三峡一带的猿究竟是哪一种呢？《早发白帝城》为我们提供了线索。李白的诗一方面反映了三峡水流湍急。从白帝城到湖北江陵，相离甚远，乘船都可"一日还"，水流之速，跃然如在眼前。三峡江面狭窄，最窄处不足百米，故在喧嚣的涛声之中，仍可听到两岸的猿声。另一方面，诗也反映出此地猿类善啸的特点。在所有猿类中，唯有长臂猿善啸。其他栖息在三峡地区的猿类，也会在两岸啼叫，但三峡水急浪高，波涛汹涌，恐怕除了善啸的长臂猿以外，其他猿类的啼叫声，都只能被淹没在波涛声中。

长臂猿是人类的近亲。大约在一千多万年前，地球上发生了沧海桑田的变化，森林古猿生活的地域干旱寒冷，不少树木枯死，它们来到地面生活。部分古猿通过劳动，手脚有了分工，大脑也逐渐发达，有了语言和思维，发展成为人类，部分古猿被淘汰；另一部分古猿找到新的森林，继续保持猿的生活，就成了现代的类人猿。长臂猿就是类人猿的一种。

长臂猿的生活以“家庭”为单位，一家有一群，一群一般不超过5只，由一对成年猿和两三个子女组成，成年的雄猿是首领。长臂猿每隔两年产一胎，小猿在两岁左右能独立生活，它们不离群。6岁左右接近成熟，慢慢脱离群体，与异性猿结成新的家庭。

猿群中有严格的等级制度。猿群中的首领有很高的地位，其他的猿要看首领的眼色行事，首领走来的时候，都得让路并小声叫唤，哈腰敬礼。它们的生活地域性比较强，每群长臂猿各占一个山头，只许啼叫，不许越界。

长臂猿

长臂猿前臂很长，直立时可达地面。体长46～64厘米。无尾和颊囊。脑容量特别小。栖居于亚洲热带森林；善于在树上行动，在地上能双足行走。以果实、嫩芽、昆虫和鸟卵等为食。白眉长臂猿分布于中国云南，也见于缅甸和印度等地；黑长臂猿分布于中国海南、云南，也见于越南、老挝和泰国等地。白长臂猿分布于中国云南，也见于泰国、缅甸、柬埔寨、马来半岛和苏门答腊。

那么，长臂猿为何而啼，又为何啼不住呢？

科学家们经过仔细地观察研究，才逐渐解开了这个谜。原来，猿啼有如人言，是表达某种信息的方式。雄猿通常为建立家庭和保卫家庭的地盘，不停地啼鸣。当雄猿成熟时，不停地发出一种求偶的啼鸣声。邻近的雌猿听到以后，就进入它的地盘，与其结成“夫妻”，建立家庭。猿类家庭有个规矩：幼小未成熟的雄猿是不准在家庭内啼叫的。因为它的叫声同样会吸引异性。小雄猿要一直长到八九岁成熟后，才允许啼鸣。此时它已离开家庭独立生活。有时，当家庭成员不在的时候，小雄猿也单独发出啼鸣声，这也许是它吸引异性、争夺地盘、建立家庭的开始。建立家庭以后的母猿，仍会不停地鸣叫。这种声音与求偶的声音不同，它的意思是告诉邻近的同性，“这里已有了一个家庭，不准进入我的地盘，抢走我的丈夫。”幼小的雌猿可以在家庭里啼鸣，因为这种叫声对雄猿不具有性的吸引力；另一方面，小雌猿要向母亲学习将来怎样维护“一夫一妻”的家庭生活。

未建立家庭的成熟了的雄猿，在未被占领的新的地域里啼叫。当它的啼叫引起雌猿的注意，并与其结合建立家庭之后，家庭地盘也就基本确立下来了。雄猿之间经常为了争夺地盘而发生争吵。这种争吵有时竟会长达一个多小时。当它们遭到外来威胁的时候，猿会使劲地啼鸣，吓退侵略者。

科学家发现，猿的啼鸣的音量是经过精心设计的。音量的大小能以达到它所关心的对方听到为止。未配偶的雄猿比已配偶的雄猿叫得响，因为前者比后者更需要吸引异性。已配偶的雌猿只有在其他雌猿进入它的地盘才发出一种特别响的啼鸣。

长臂猿如今是我国一级保护动物，但现在长臂猿分布的地区早已从三峡一带向南退缩，仅局限于云南南部和海南岛的热带密林。

古老的大熊猫

在种类繁多的野生动物里，大熊猫似乎和人类结下了不解之缘。画家挥毫摹写它们娇憨可爱的神态，工艺美术师用它们来设计图案、商标，动物园里的熊猫馆是游客最爱驻足流连之处，连世界野生动物基金会白铁镀金的徽章上面的图案也是大熊猫。

大熊猫古称貔貅，民间又称黑白熊，食铁兽。它是一种历经数百万年大自然活动存活下来的动物“遗老”，有“活化石”之称。

虽然大熊猫闻名于世只有 50 多年，但它确实和恐龙一样是个古老的动物。根据已发现的大熊猫化石，证实在距今 100 多万年的时候，大熊猫是一个正处于兴盛时期的大家族，它的分布地区西起缅甸，东达我国华东，北至北京，南到广东、台湾。

但是，由于它行动迟缓，牙爪又不是特别锐利有力，在弱肉强食的斗争过程中沦为猛兽的猎物。大约到了一万年前，为了保存种族，它只有放弃原有地盘，躲避敌害，活动范围已大大缩小了。如今，它只龟缩在四川、陕西和甘肃的一些长有竹木混合的高山深谷。

大熊猫惯于流浪生活，从来没有固定的住处，总是随着气候的变化而迁移。夏天爬上凉爽的高山避暑，冬天又迁到比较低洼和避风的地方。它们早晚出来觅食，白天就栖息在竹丛中，或是爬在树枝上晒太阳。它们的食量很大，一只大熊猫每天能吃 20 千克竹子。从解剖大熊猫得知，它只有一个胃，无盲肠，肠的长度也不超过 10 米。这样的消化系统，与食草动物的消化系统完全不同。如牛的胃分四室，肠的长度为体长的二十多倍，而且还生着帮助消化植物粗纤维的细菌和纤毛虫，所以它吃草能消化和吸收养分。由于熊猫的胃肠没有这种功能，故在它的粪便中存在大量未被消化的翠竹枝叶。但为了生存，在无法猎肉为食而又无其他食物可供充饥的情况下，只好大量吞食容易获得的翠竹为生。随着时光的流逝，代代相传，以翠竹为食就成了它的习性了。

《大熊猫》

大熊猫也叫“猫熊”、“熊猫”。体肥胖，形似熊而略小，长约 1.5 米，肩高约 65 厘米，尾很短。毛密而具光泽，眼周、耳、前后肢和肩部呈黑色，其余都是白色。生活在高山有竹丛的树林中，喜食竹类植物，也吃小动物。善爬树。性孤独，不群栖。视觉、听觉迟钝。每胎产一子或两子。仅分布于中国四川西部和北部、甘肃南部、陕西西南部。为中国特产的珍稀动物。

▲ 熊猫

在野外，大熊猫生活在海拔 2000 ～ 4000 米的高山竹林里，竹林就是它的家。竹林里还住着竹鼠，只有熊掌大小。竹鼠个体小，很灵活，又会打洞钻到地底下，专吃竹笋。大熊猫用带有肉垫的脚掌，尽量不发出声响，暗地里查找。一旦找到洞口，用力拍打地面，打得洞里的竹鼠心惊胆战往外逃。大熊猫敏捷地抓获竹鼠，把竹鼠整个儿地吃下去。

大熊猫抓竹鼠，是那么机智巧妙。可它也常做傻事。大熊猫到溪涧喝水看到自己清晰的水中倒影，以为又来了一只熊猫，于是，抢先喝起水来，直到肚子胀得圆滚滚才肯离去。可没走几步又不放心，回到水边，看到水中的倒影，以为另一只熊猫还在，怕水被喝光，又抢着拼命地喝起来，喝着喝着，胀得昏昏沉沉，倒在地上，通常 3 ～ 4 个小时之后才能恢复常态。当地人把这叫“熊猫醉水”。

大熊猫的视觉和听觉都比较差，但它们是爬树能手，也善于游泳，能攀上高高的树巅，也能泗过湍急的河流。也许正是这两种天赋的技能，使它们得以在残酷的自然竞争中幸存下来，没有遭到灭族绝种之灾。

大熊猫这种由黑白组成的脸圆而硕大的动物，已成为全世界人类的宠物。新中国成立以来，我国的大熊猫多次被中国政府作为国礼，赠送给英、美、日等国。可爱的大熊猫成为象征中国人民情谊的“友好使者”，为增进中外友谊做出了贡献。

第一只出国充当中国熊猫“大使”的，是宝兴的“平平”。1955 年，“平平”被赠送给苏联，成为莫斯科市民最宠爱的动物。

1972 年中美建交，中国政府将宝兴籍的大熊猫“玲玲”和“兴兴”赠送给美国。当“玲玲”和“兴兴”初次在华盛顿国家动物园与美国观众见面时，动物园前交通为之阻塞。开始第一个月，观众就达 110 多万，这一年被美国人民称为“熊猫年”。

20 年后，华盛顿国家动物园为“玲玲”、“兴兴”莅临美国 20 周年出版了专刊《熊猫热》，称自 1972 年以来，大熊猫一直是该动物园最有声望的“居民”。

凶猛的“食铁兽”

大熊猫，古时候被称为“食铁兽”，它锋利的牙齿能将村民的铁锅咬碎吃下，可见大熊猫不仅牙口好，消化功能也不赖。大熊猫属哺乳纲，食肉目。它的祖先是食肉动物，由于环境的改变，才不得不吃素，主要以吃箭竹为生，有时也捕食些小动物，改善改善生活，本性难移嘛！

我国在古代就观察到竹子开花这种现象。在两千多年前的《山海经》中就有“竹生花，其年便枯”的记载。在历史上，由于大熊猫的生活环境没有很大的破坏，其中生长着不同种类的竹丛，所以当某一种竹子开花时，大熊猫还可以采食别的未开花的竹子，维持正常生活。随着人类经济社会的发展，农业垦殖和森林采伐的扩大，大熊猫的栖息地退缩到山体的上部，成为孤岛状分布。这些地方水源最少，竹子等植被种类比较单一，所以一旦竹子大面积开花，就会对大熊猫的生存造成威胁。1974年至1976年，岷山的竹子大面积开花枯死，形成数千平方千米的竹子开花枯死区，其中心地带由于海拔较高，竹种广，因此灾情特别严重，造成大熊猫大量死亡。

1983年，四川宝兴县山上的箭竹大面积开花枯死，大熊猫生存受到空前威胁，急坏了当地的农民。村民们纷纷自发组织起来，组成抢救队、巡逻队，设立了观测站，形成了一个庞大的民间抢救大熊猫网络，纯朴的村民们贡献出自己并不宽裕的零花钱，为大熊猫购买药品。大熊猫饿极了，便跑到猪圈与猪争食吃，甚至到羊圈吃羊……

人们往往由于它的外表和宣传上的偏颇而误认为它是一种十分温顺的动物。其实不然，大熊猫属于肉食动物，它的牙齿的排列均是肉食动物的齿式。

大熊猫在平地上奔跑起来，能够四足腾空。它甚至能追赶上老乡饲养的家羊，只见它一跃而起，能够在一瞬间咬断羊的脖子，然后大吃大嚼。有时候，它竟能够把一头粗壮的牛咬死。

其实，大熊猫是非常喜欢吃肉的。在自然保护区内，它可谓没有天敌。科研人员捕捉它时，常常用很粗的钢筋做成大铁笼子抬到山上，然后把烤熟了的羊肉挂在铁笼子的机关上。大熊猫的嗅觉十分灵敏，它在很远的地方就能闻到烤羊肉的香味，禁不住美味的诱惑。当它进入笼子中撕食羊肉时，机关打开，一个沉重的铁门就会关下来，将它关在笼子里。这时候只见它会发出凶猛的怒吼，在铁笼子里狂跳，震得铁笼子叮当作响，只有这个时候，科研人员立刻用麻醉枪将它麻醉，然后才敢靠近它，给它戴上无线电项圈后再放它入山。

自然保护区内大熊猫主动攻击人、伤人的事件时有发生。保护区饲养场中的饲养人员稍不留神，就会被关在笼子里的熊猫咬伤致残。可以这么说，几乎没有一个饲养员没有被大熊猫咬过，只是伤势轻重不同罢了。饲养人员有被咬掉手指的，也有被咬掉腿肚子的。

有一次，一名女兽医正在喂养一只平常看来十分温顺的大熊猫，没想到这只熊猫突然野性大发，将女兽医扑倒在地，用牙齿撕咬着她，这个刚满 22 岁的姑娘顿时鲜血淋漓，幸好这时候，另一名年轻力壮的男饲养员听到呼救声飞身爬上饲养场的墙头，奋不顾身地跳入圈中，与熊猫展开了生死搏斗，只见他用脚死命地抵住大熊猫的胸口，闻声赶来的工作人员迅速用麻醉枪将熊猫射倒，然后把女兽医抢救了出来。女兽医屁股上的肉被熊猫撕下了一大条，鲜血不停地顺着腿往下流，浑身上下伤痕累累，真是令人惨不忍睹。

1993 年 6 月的一天，一位摄影师看到与他同行的另一位摄影师没命地从山上往下跑，只见一只大熊猫在其身后紧追不舍。他知道那位摄影师没有拍摄大熊猫的经验，就高声地向他喊道："跑 S 形"，"向有障碍物的地方跑！"因为熊猫在平地上跑起来非常快。但那位摄影师似乎并没有听到他的呼喊，高度紧张的摄影师已经吓晕了头，一不小心，被石头绊倒在地。这时熊猫离他只有一两米的距离了，当摄影师回头看见那凶相毕露的熊猫，吓得再也跑不动了，两手抱头，双腿一软就蹲了下去，熊猫立即向摄影师扑了上去。

此刻距他们只有十来米的那位摄影师抄起一根大木头桩就冲了上去，用树桩死死地抵住大熊猫的头，大熊猫疯狂地反抗着，于是摄影师拼命呼喊，这才引来其他工作人员迅速赶到现场，将凶猛的大熊猫赶走了。

▲ 熊猫

冬眠产子的黑熊

隆重的熊节庆祝活动，是东北亚许多土著民族共同的节日。

相传，中华民族共同的老祖母——华胥，就是踏上了公熊留下的大脚印，才生下伏羲、女娲，才有炎、黄二帝。熊成神，射熊、斗熊，又是一种高尚的文体活动。从炎帝到西汉，凡死人送葬，都以一人披熊皮，戴假面具，在前头开路。汉武帝为了过熊节，在上林苑特别修建了一座射熊馆，节日这天，天子和文武百官到上林苑狩猎，而射熊则是天子的专利。

熊是猛兽，仓颉造字在“能”字下加一个“火”字，是因为熊族是炎帝后裔，有“熊熊大火”一语，火种也是东北亚土著民族共有的神祇。

熊有白熊、狗熊（黑熊）、棕熊、马来熊等多种。其中黑熊是我们比较熟悉的。

黑熊性情孤僻，常常单独活动。一般不主动伤人，仅受伤或护子时异常凶猛，会主动攻击。

有趣的是黑熊在冬眠时还产子呢！每年的 9 月中旬到 11 月，黑熊便开始大吃大喝，为冬眠贮备足够的能量。在这期间，它开始从低山转向海拔 1800 米的高山上频繁活动，主要吃高热量的橡子和其他坚果，同时也偷吃各种农作物，如玉米、土豆等。由于这些食物含水量较低，所以黑熊常感口渴，需要饮水，以保持体内水分的平衡。吃饱喝足以后，便寻找在向阳坡的树洞，也有个别的在树根下扒坑为洞，或者是选择适宜的岩洞开始冬眠。每年的 11 月到第二年 3 月为冬眠期。它在冬眠期间不吃不喝，仅靠消耗自己体内的脂肪维持生命。每隔一定时间，它还会醒来晒晒太阳以升高体温，抵御严寒。冬眠过程中，有的母熊还会产小熊崽儿呢！这时母熊还得担负起哺育幼子的重任。

冬眠后的黑熊，体内脂肪消耗很大，体重减轻，需要大量补充能量。这时候黑熊常到低地游荡，大量觅食各种草本植物。它的胃口很大，每天要用一半的时间来觅食，一般白天都在活动，到了晚上才去睡觉。只有在秋天盗食农作物时，黑熊才在夜间偷偷摸摸地

《黑熊》

黑熊体形肥大，长 1.7～1.9 米，尾长 7～15 厘米。体黑色，胸部有一半月形白纹。颈和肩部毛较长。多栖息树林中，杂食，主食植物，也喜欢吃蚁类和蜜蜂，并吃鱼、蛙、鸟类和小型兽类。性孤独。在较冷地区，有假冬眠现象。能游泳，善爬树，也能直立行走。分布于中国大部分地区；也分布于俄罗斯西伯利亚、朝鲜半岛、日本、越南、缅甸、印度、尼泊尔等地。

▲ 黑熊

活动。

黑熊主要分布在喜马拉雅山系、中南半岛、中国、日本及西伯利亚东南部。我国的黑熊有5个亚种。由于它适应性很强，在我国分布很广，但数量不多。

黑熊浑身都是宝。

熊胆和山珍、鹿茸、虎骨一样珍贵。能清心火，平胆退热，明目杀虫，药效显著。倘若打到了黑熊应立即剖腹取胆。若是上半月打的熊，其胆汁仍在胆囊里；若是下半月打的熊，胆汁往往分泌在肝脏里。这时若连肝脏一块取下，放到一冷水盆里浸泡一个小时，胆汁就会重新回到胆囊里去，再取胆。取胆时先把胆口扎紧，以免胆汁流失。然后再小心剥去胆囊外附生的油脂，干后即为成品。胆汁干后称为胆仁。胆仁色黄的称“铜胆”，色黑的称“铁胆”。“铜胆”药效尤佳。熊胆有解痉挛、抗惊厥、促进胆汁分泌、健胃强心、解毒、消炎等作用。

熊掌又名熊蹯，是难得的奇珍。《左传·晋灵公不君》里载：“宰夫胹熊蹯不熟，杀之。”可见中国人早就知道熊掌是美味佳肴了。

到明清时，更为大雅之堂上乘珍馐，位居“山八珍”之列并一直被视为山珍之首。作为药物，历代以为补益强壮之品。

现代科学分析表明，熊掌每100克可食部分含粗蛋白55克，脂肪43.9克，并含矿物质0.94克，蛋白质水解产生的天冬氨酸、苯丙氨酸、亮氨酸、谷氨酸等11种氨基酸，在医疗上具有滋补气血、祛风去邪、健脾胃、宜气力等功效。

平常被人们认为登不得“大雅之堂”的猪蹄，其营养价值竟与熊掌相似。据分析，新鲜猪蹄的蛋白质占15.8%，脂肪占26.3%，矿物质占0.8%。所含氨基酸多达10余种。所以，猪蹄无论是给产妇通奶，还是对久病体弱、皮肤干裂或手术后恢复期的老年人都是一味上等的补品。

冬天猎获的狗熊，脊背下有一条厚厚的脂肪，称熊白。用它炼出的油脂味道纯香，涂在手脚上可防冻防裂。肉可食，皮可以制作地毯、褥垫。黑熊还有比较高的观赏价值呢！

珍贵的毛皮兽——貉

《汉书·公孙刘田王杨蔡陈郑传》记载了这样一个故事：

西汉汉宣帝时期，朝廷上有个中郎将，名叫杨恽，他是司马迁的外孙。杨恽的父亲也是朝廷的大官，做过大司农、御史大夫，还代理过丞相。杨恽由于告发霍光谋反有功，而被封为平通侯。

杨恽因为受到皇帝的器重，自以为了不起，不把朝廷大臣放在眼里，还常议论、讽刺汉宣帝，因此遭到一些人的嫉恨。不久，太仆戴长乐被人告发，被捕入狱。戴长乐怀疑是杨恽密告他的，因此在狱中写了一封信，向皇帝告状，说杨恽诽谤朝廷，诅咒圣上。他在信中写道："有一回杨恽听说匈奴王单于被人杀了，他发议论说：昏庸的君主不采纳大臣们的善计，自然要得到如此的下场。秦二世胡亥宠信奸臣，杀害忠良，所以灭亡。若是他任用贤臣，也许秦朝会持续到现在呢！总而言之，古与今都是一个山丘上的貉。这是杨恽引亡国之事以诽谤当世，违背人臣之礼。"

原文是"古与今如一丘之貉"，成语"一丘之貉"就是从这里引出来的。后来人们引用这句成语比喻彼此都是坏家伙，同是丑类，没有什么差别。似乎貉是一种坏透了的动物。其实，貉虽然其貌不扬，但并不像狐狸那样狡猾、奸诈，而且貉还是一种珍贵的毛皮兽。

貉，长得似狗非狗，似狐非狐。野貉常住在荒野土丘的洞穴中，故有土狗、毛狗、狸、土车子等俗称。

貉在我国分布较广，大江南北都有它的足迹。产于长江以南为南貉，如闽越貉、湖北貉、云南貉等；产于长江以北为北貉，如乌苏里貉、朝鲜貉、阿穆尔貉等。北貉体型较大，毛绒丰厚，御寒力强。

▲ 貉

貉是食肉动物，样子很像狐狸，尖尖的嘴巴，短短的吻，但比狐狸略小。身体比较胖，重约 4 ～ 6 千克。两颊生有长长的胡子。背部和吻部的毛呈棕灰色，头部两眼圈和眼下部分的毛是黑色的，形成八字形的黑纹，常向后延长到耳下方。背毛掺杂很多黑毛。

貉常栖居在河谷、草原和靠近溪流、河、湖附近的树林里。它身体虽很胖，但很灵巧，能爬树。食性很杂，主要以鱼和鼠类为食，有时也以昆虫、蛙和果类、蔬菜充饥。

貉是一种十分有趣的穴居动物，常常雌雄成对生活在一个洞穴里。如果配偶有一方死亡，剩下的一只“光棍貉”往往不耐寂寞，会跑到别的洞穴去栖身，在人家洞口附近住下来，过着可怜的寄人篱下的生活，境遇是相当悲惨的。它来人家寄住，洞穴的主人只好把洞再挖深些。挖下的土怎么处理呢？“光棍貉”只好仰身躺着，任凭房东夫妇把土放在自己的肚皮上。装满后，它用前肢抱着土块，不让土掉下来。房东夫妇俩各咬它的一条后腿往外拖。拖到洞口外，“光棍貉”一翻身，把土卸掉，再回到里边去运土，直到把挖下的土运完为止。到了秋天，房东夫妇需要运些植物性食物到洞里，准备过冬。这时，还要把“光棍貉”当车使用。久而久之，“光棍貉”的身体变得扁而平，背部的毛磨掉了，出现了一层胼胝，满是伤疤。正因为貉有这种特殊的挖洞运土的习性，所以有些地方的人们又叫它“土车子”，你看，还挺贴切吧！

貉冬季有间断性冬眠的习性，一般在 11 月底至来年 3 月初结束，有些个体只进行短期睡眠，所以其冬眠只是昏睡状态。每年 3 月间交配，妊娠期约 2 个月，4 ～ 5 月份产子的较多，每胎产子 6 ～ 8 只，最多可达 10 只。

貉

貉，也叫“狗獾”。形如狐，但体较胖，尾较短。尾毛蓬松，吻尖，耳短圆。两颊有长毛。体色棕灰，四肢和胸腹几近黑色；眼部各有一片黑褐色斑纹。穴居河谷、山边和田野间。杂食性。中国除台湾、海南、宁夏、甘肃、新疆、青海、西藏、贵州、山东、湖北外，其余各地均有分布；俄罗斯、朝鲜半岛和日本也有分布。毛皮可做皮衣、帽等；尾毛可制毛笔。

貉是闻名中外的经济毛皮兽之一。貉皮轻柔保暖，美观大方，可制成高档裘皮大衣、衣领、皮帽、袖头等。不拔掉针毛的为“貉皮”，拔掉针毛的为“貉绒”。针毛可制刷、制笔，也可加工成细尾毛出口。貉肉鲜美肥嫩，营养丰富，是难得的野味佳肴。据《中国动物药》中介绍：貉肉有“滋补强壮”之功效，可治“虚劳”等症。

貉能灭鼠，有益于维护自然生态平衡，应合理开发利用。

可见，人工养貉是项很有前途的养殖业。貉既可网笼饲养，也可像养猪那样圈养，但必须架设防雨、防雪棚盖。

长颈鹿的奇特生理结构

▲ 长颈鹿

长颈鹿的老家在非洲的森林里，那儿一年四季都很暖和。森林里没有多少青草，它们只好伸长了脖子吃树上的嫩叶。经过千万年的进化，长颈鹿的脖子慢慢变长了，个子也越长越高，终于成为世界上最高的动物了。

长颈鹿在地球上已生存了2500万年。一个世纪以前，长颈鹿在非洲紧靠撒哈拉沙漠以南的一片宽阔地带游荡。如今，人类将它们挤到东非的一些“岛”上。它们的总数约有45万头。

虽然活动地区越来越小，但长颈鹿的前途比犀牛、象、豹和狮子似乎要好一些。长颈鹿与世无争。它们不会低下头来与牛羊争食牧草，只是在树身高处或灌木上找食物，每天吃约45千克的树叶，它们看见多叶的高灌木就像饥饿的孩子看见煮熟了苞米一样高兴。首先，它的45厘米长的舌头端部卷到多汁的树枝上，将它拉到大而结实的嘴唇之间。然后紧闭嘴，摆动头部，轻巧地咬下满嘴嫩枝、叶、荚和蚁类。

公元前46年恺撒第一次把长颈鹿带到罗马，欧洲人才认识了这种怪兽。由于长颈鹿体型高大像骆驼，花纹斑驳又像豹子，人们便给它起名叫“骆驼豹”，甚至传说是骆驼和豹的杂交所生的后代。

长颈鹿看上去似乎很笨拙。这种世界上身材最高的动物，事实上却是最机警敏捷的。在长颈顶端之上长着一双警惕的眼睛，具有几乎360度的视野。

别看长颈鹿个子挺大，胆子却很小！它们害怕凶猛的狮子，经常成群地生活在一起，还常常警惕地抬起头向四下张望，竖起耳朵留心细听。它们个子高高的，像小小的瞭望台，可以发现远处的动静。它们长着一身美丽的斑纹，一钻进树林就和树干、树叶交错在一起，可以骗过敌人。要是真的遇上狮子，它们就放开四肢，拼命逃跑，快得像飞奔的骏马。到了深夜，它们一只挨着一只地卧在地上睡觉。在它们熟睡的时候，总有一只公鹿在那儿站岗，守护着整个鹿群。

长颈鹿的生活结构十分奇特。由于身体的表面积大，利于进行空气调节，从而能使它在炎热的环境中保持身体凉爽。而非洲其他巨兽——犀牛、河马、大象等，都要经常泡在水里或滚在泥水中取凉，而且常常还要喝水。可从来没有人看见过长颈鹿是泡在水里或滚在泥水中取凉的。长颈鹿只要有刺槐的嫩叶可吃，似乎可以永远不需要喝水。刺槐的鲜枝嫩叶中蕴涵着丰富的汁液，约74%都是水分。

长颈鹿

长颈鹿的脖颈儿很长。雄性体高约6米。雌雄都有一对外包皮肤和茸毛的骨质短角，永不脱落。眼大而突出，位于头顶，适于远望。尾端一束长毛。遍体具棕黄色网状斑纹。奔跑很快。以植物叶子为食。每胎产一子或两子，分布于非洲。是珍稀动物。

长颈鹿的脖子除了作为瞭望和取食的用途之外，在夏季酷热中还起了冷却塔的作用，它的巨大暴露面有助于散热。长颈鹿的脖子长，气管自然也就特别长，它有着动物中最长的气管。气管长了，体内的废气不容易在呼吸的时候完全排出来，常有陈旧的空气滞留在气管里面。但是由于长颈鹿的肺特别大，才补救了这个缺陷。它的肺活量比人大 7 倍，这根气管成为一条 1.5 米长，有很大吞吐力的风道。不然的话，长颈鹿就要不断地呼吸那停留在气管中的废气了。

长颈鹿向前行动时，利用它的脖子来增加力量。当它缓步或快步行走时，将头向前伸，使重心向前移，然后再缩回，准备下一次的前伸。它只有 7 节椎骨，同人类、鲸鱼和其他哺乳类的一样，但它太大了，只能由活动肌肉支撑着。颈部顶端是一个巨大的带角头颅。在雄鹿的全部生命过程中，颅骨不断地往更厚、更重生长，头颅重量有时能增加一倍。

看到长颈鹿那巨大的头颅一下子低到地面又抬了起来，人们不禁对这种生理上的奇迹叹为观止。它避免了血液在心脏和脑之间快速流动后所引起的晕眩。动脉和静脉的瓣膜使血液在各种姿势下都保持均匀的流动。低头时脑底部的血管扩张以容纳增多的血液；每当突然抬起时，就收缩以止住血液流动。对血管和脑周围的脑椎液造成反压力。为了便于输送大量血液，长颈鹿的血压在动物中是最高的。它有一颗 11 千克多重、60 厘米长的椭圆心脏，每分钟输送血液 68 升。

长颈鹿很少躺下。有些科学家认为，它们是睁着眼睛睡觉，而且即使站着也能睡。

难得一见的野生双峰驼

野生双峰驼是世界珍稀动物，目前只有我国尚有生存。19世纪末，在罗布洼地第一次发现野生双峰驼时曾轰动了国际动物界。由于野驼生活于缺水干旱荒漠地区，人迹罕至，不易捕获，所以研究工作进展不大。国外有的动物学家对我国是否有野驼持怀疑态度，理由是，在中国获得的标本太少，很难区分是野生种还是野化种。

我国自1976年以来，开始研究野生双峰驼，进行了多次考察，取得了丰富的第一手资料和标本。

1976年7月的骄阳，火辣辣地烘烤着大地。一支由新疆生土所、新疆林业局、新疆大学和乌鲁木齐市人民公园组成的考察队，沿着塔里木河下游古河道上缓缓前进。一条坎坷不平的土路蜿蜒曲折，通向灰蒙蒙的漠野，沿途风化雨蚀的断垣颓墙和残缺不全的人工水渠依稀可辨。80年前，这里有较发达的农牧业。后来塔里木河改道北上，这里也就渐渐地变成了废墟。20世纪70年代，不断传来塔里木河下游有野驼出没的消息，科研人员决定进行一次科学考察。

从天蒙蒙亮出发，到晚上10点多钟（这里夏天晚上10点半以后天才全黑），考察队的马队在沙漠里足足行走了十六七个小时。忽然，一名考察队员在附近的沙地里发现一行桃形的足迹，经测定，是野驼刚留下的。由于黑夜吞没了前进的道路，他们只得安营扎寨。

第二天清晨，队员们跃马南下，继续追踪野驼，只留下一位患病的队员和一名猎手。中午，这位患病的队员服药后，感到舒坦些了，就到帐篷外散散步，一行野驼的新鲜足迹把他吸引住了：沿着足迹望去，远处一棵沙枣树下，一峰野驼正在美美地睡觉哩！他悄悄地取来步枪，小心翼翼地匍匐前进，在离野驼200米时，连发3枪，野驼应声倒下。

这是我国取得的第一个野生双峰驼标本。它是一峰公驼，除了腿、颈和峰间有些稀疏的毛外，全身光秃秃的，呈灰褐色。

考察队详细考察了这一带的地形地貌，询问了附近的农民，了解到许多关于野驼活动的情况。夏天，野驼都深入到塔克拉玛干大沙漠腹地，冬天才回到塔里木河下游繁殖。附近农民见到最多的一群野骆驼达70多峰。考察队确认这是一个野驼新分布区，提出了在塔里木河下游河道约5000平方千米范围内，建立野驼保护区的建议。

1980年以来，中国科学院新疆分院综合考察队先后3次，对罗布洼地野生双峰驼的分布、种群、生活习性等进行了考察。

同年6月中旬，著名科学家彭加木率领的考察队来到库木库都克附近。一天下午，3辆汽车就像3片扁叶，在沙海里漂浮着。突然司机说："前面有野骆驼。"彭加木抬头远望，在500～600米的地方果然有十几峰野驼。它们昂着头，在辨别汽车声音的方向，然后很快就分散开来，有的躲在沙丘后面，有的钻进了芦苇丛中。经验丰富的司机立刻熄了火，荒漠上又恢复了平静。过了一会，野驼以为没事了，一峰峰探头探脑地钻了出来。就在这时，汽车如离弦之箭冲了过去，野驼闻声四处惊跑，有一峰小驼腿上有疾，被汽车轻轻一碰，倒在地上，成了考察队的"俘虏"。彭加木高兴地说："把它送到乌鲁木齐人民公园去。"

野驼一般过群体生活，一旦丢失一峰，其他野驼就会到处寻找。那天晚上，考察队宿营地周围，野驼"呜呜"地叫个不停，小驼也发出了求救的哀鸣。但是机警的野驼群始终没敢接近宿营地。

第二天，彭加木外出找水，不幸迷失方向，以身殉职。大家急于找彭加木，无暇顾及这个"俘虏"，两天以后，这峰小驼死亡。

野驼的嗅觉和听觉十分灵敏，如果是顺风，可以发现几千米外的异常，而且它还有在沙漠中疾跑的本领，汽车也很难追上它。所以，尽管在罗布洼地野驼留下了许多活动的痕迹，但要直接接触野驼，并不是一件容易的事。

一天下午，考察队在一片沙丘发现一群野驼，队员们立刻卧倒进行观察。这群野驼共23峰，正在美滋滋地吃着芦苇、骆驼刺和一些盐木类植物。其中有一峰不吃食，警惕地东张西望，像是站岗的"哨兵"。有一位考察队员拿起相机想拍照，由于水汽太大看不清楚，正在这时，野驼似乎发现了他们，在一峰野驼带领下，迅速逃走。两名队员敏捷地穿过坚硬的盐壳地，抄近路赶了上去。这群野驼见来了两个人，丝毫不惧怕，照样从容不迫地向前走着。等到两名队员离它们只有200米时，野驼似乎感到了威胁，便依仗驼多势大，恶狠狠地迎着两名队员走来，队员见"来者不善"，赶紧拍了几张照片就返回了。野驼也不追赶，侧过头去，一步一个脚印，朝着沙漠深处走去……

▲ 野生双峰骆驼

这些有趣的经历为我国有野生双峰驼生活提供了丰富的佐证。

极其丑恶的鬣狗

鬣狗一向“不得人心”，原因在于它集丑恶之大成。

阿拉伯人有句格言：“你别贪心不足，学鬣狗在水中捞月。”可见，在阿拉伯人的眼里，鬣狗是贪得无厌的坏东西。

在《伊索寓言》中有一则《鬣狗与狐狸》，大意说，鬣狗每年变换其性，有时雄，有时雌。一次，它责备狐狸不肯与其交友，狐狸反唇相讥：还是责备你自己吧，因为我不知道把你当成女友还是男友。当然，性的变易是不可能的，但鬣狗的性不易区别倒是事实。在这则寓言中，它被视为暧昧不明，必须时时提防的家伙。

鬣狗名声很坏的原因，主要还在于它习惯不良。最可恨的就是吃死人的尸体。这种食性不是始于今日，早在旧石器时代晚期，我国山顶洞人就对它恨之入骨：它潜入山顶洞人埋葬亲属的洞穴，把埋入土中的尸体用利爪掘出来，弄得一片狼藉。

非洲猎人常以斑马或羚羊尸体当做诱饵捕猎，有时需在猛兽出没处放置过夜。但清晨去看，却已不翼而飞。有经验的猎人很快就猜到盗贼一定是鬣狗。它不但把腐肉吃个精光，而且连骨头也不剩一点。因为它齿坚颚强，消化力惊人，所以消化硬骨头绰绰有余。

“不劳而获”是它固有的习性。它经常跟在狮子后边，等狮子饱餐完毕，剩下一点残骸，才去大吃大嚼。对鬣狗来说，狮子算不得大方的“施舍者”，至少有点小恩吧。可是它毫不领情，倘若狮子受伤或衰老时，它就冷不防猛扑上去，原来狮子肉是它最喜欢的美味佳肴。

鬣狗喜欢独来独往，但要袭击林中的孕牛或病马时，却也像狼一样分工合作。别看它平时胆小，一旦得势，就变得肆无忌惮：其中一只跳上背去，狠狠地咬住头颈，其后有十多只紧追不舍。所以，它们在得不到“残羹剩饭”时也会侵犯无力自卫的家畜甚至小孩，这又是十分令人深恶痛绝的。

鬣狗丑态百出，生性多疑，就连叫声也与众不同，像是咯咯的笑声，在夜半的旷野中听了颇使人毛骨悚然。

确实，鬣狗在人们心目中是一种猥琐的、令人

《鬣　狗》

鬣狗形如大狗，但颈上有长鬣毛。体格强壮结实，耳大呈三角形，前肢长，后肢短。常成群夜出捕猎斑马、角羚羊等有蹄类；也吃动物尸体和腐肉。有二属三种，即鬣狗，全身有横纹；棕鬣狗，仅四肢有横纹；斑鬣狗，全身有斑点。前一种分布于亚洲和非洲，后两种分布于非洲。

生厌的、卑鄙无耻的怪物。

▲ 鬣狗

尽管如此，它对待自己的儿女却一片柔情。为了使小鬣狗健康成长，成年鬣狗不惜花费大量精力建造安全、舒适的“托儿所”。这种迷宫似的“托儿所”是鬣狗们的公用洞穴。小鬣狗刚出生，母狗就让它们待在一种称为“产房”的小洞里。一间“产房”能同时容纳1～4只小狗。在这期间，狗妈妈每晚还要起来喂两次奶。怕孩子睡得不舒服，它还经常帮小狗翻身、挪地方。两个月后，小狗被搬进旁边“托儿所”的洞穴。稍大一点，它们就正式入托了，和许多不同年龄的小狗待在一起。小狗入托后，就由狗妈妈照料、喂奶。它们无私地哺喂所有的小狗，不管是不是亲生儿女。

14个月后，进入“幼儿期”的小鬣狗住进“托儿所”旁边的“单身宿舍”。隔几天，狗妈妈就会给孩子送来一份营养丰富的食物。这些食物大多是小狗爱吃的非洲大羚羊肉或长颈鹿肉。雨季中，鬣狗们围捕所有能到手的食物，把它们储藏到自己的仓库里。有时狗妈妈不在，送饭的任务就落到其他母狗的身上。当大狗们外出寻食时，托儿所就成为小狗的避难所。只要听见猛兽的嚎叫声，小鬣狗们就马上钻进托儿所墙壁上开的小洞里。这些预先准备好的小洞非常狭窄，仅仅能容一头小狗进去。如果不速之客得寸进尺，小狗就会竖起颈上的鬣毛，卷起尾巴昂起头，露出一副狰狞可怕的凶相，吓退入侵者。可是，如果路过的是狮子，小狗则立即钻入洞里，大气也不敢出，直到危险过去，它才重新活跃起来。

在“托儿所”里，小狗们不仅可以尽情地玩耍嬉戏，还练习各种捕食猎物和躲避敌害的技巧。这种技巧将决定它们成年后的生活境遇。

古怪的动物——刺猬

盛夏的晚上，当人们在庭园里纳凉时，有时会看到一种灰色的小兽带领着几只幼兽，顺着墙根溜达，仔细一看，才知道它们是一群刺猬。

刺猬是一种野生小动物，体肥矮小，长 20 ～ 25 厘米。四肢短，弯爪锐利。眼和耳都很小。体背密生土棕色的棘刺，刺基白色，尖端棕黑色。面部、四肢及体腹无刺，但毛粗糙。遇敌害时，能卷曲成球，以刺保护身体。夜间活动，主食昆虫和蠕虫，对农业有益，有时也食农作物。它分布于亚洲中部、北部和欧洲；中国北部及长江中下游地区也有它的踪迹。

刺猬栖息在山地森林、丘陵、平原、草丛及灌木丛等处，有时候在市郊及村落附近也可见到。刺猬一般都挖洞作窝，白天藏在窝里，晚上出来活动。它的食物以昆虫及其幼虫为主，也吃幼鸟、鸟卵、青蛙、蜥蜴以及瓜果、蔬菜等。

刺猬冬眠时间比较长，并别具一格。它在正常情况下，每分钟呼吸是 50 次；但在深度冬眠（熟睡）时，却几乎停止了呼吸。原来，刺猬的喉头有一块软骨，可将口腔和咽喉隔开，并掩紧气管入口，这样就使它在冬眠时，呼吸简直像停止了似的。这时如果将它扔入水中，过半小时后再捞上来，它也不会被淹死。动物学家曾把冬眠的刺猬放入温水中，足足浸泡了半个多小时，它才慢慢苏醒过来。可是在夏天，只要把它扔在水里 3 分钟，它就会死亡。当刺猬进入冬眠时，它的身体会出现令人惊奇的现象：用手抚摸它的身体，似乎已经冻僵。这并不奇怪，因为它的体温只有 1.8℃，心跳从每分钟 128 次减到每分钟 2 次，呼吸由每分钟 50 次减到每分钟 5 次，难怪看起来好像停止了呼吸似的。

刺猬冬眠时团成一个球。虽然用以维持生命的消耗是很小的，但是，它的体重仍在日益减轻。通常要消耗体重的 1/3，有时甚至消耗 1/2。

刺猬的肉味鲜美，只要食肉兽遇到它们，就摆出跃跃欲试的架势。但是一经接近，刺猬就马上缩头屈脚，将整个身体向腹内卷起，变成一个全副武装的刺球，使垂涎三尺的食肉兽扫兴而去。在哺乳动物中，刺猬的脑的相对重量最小。在它的脑半球

冬 眠

冬眠，也叫“冬蛰”，休眠现象的一种。是动物对冬季不利的外界环境条件（如寒冷和食物不足等）的一种适应。主要表现为不活动，心跳缓慢，体温下降和陷入昏睡状态。常见于温带和寒带地区的无脊椎动物、两栖类、爬行类和许多哺乳类（如蝙蝠、刺猬、旱獭、黄鼠、跳鼠等）。

▲ 刺猬

上无法找到脑沟和脑回，大脑皮层仅占据了脑半球的 1/3。而大脑皮层越发达，动物给自己“安排”的活动时间就越长，动物就越伶俐。

刺猬的大脑远不是最优秀的大脑，但它在实验中的表现却不像一个十足的傻瓜。比如在两个不同的地方给刺猬喂食，而在其中的一个地方偶尔才放些食物，它发现后就会只走向常有美食的地方。

刺猬可以说是个古怪的动物。晚上，它还未出窝就开始呼呼喘气，同时吱吱地叫着。这是它在嗅味。刺猬鼻子上的可观之物是鼻孔，宽大的鼻孔眼儿，四周长有齿形皮肤。这当然不是为了美观，闻到气味后，这种齿形皮肤迫使气味进入鼻内，并加速运动，鼻内的特殊细胞对气味进行鉴别。这种细胞的表面积不大，相互衔接着排成 8 排。

刺猬的耳朵更新奇。如果看一看刺猬的耳朵，不能不认为刺猬是个妖怪。所有发育正常的野兽都有耳鼓膜，刺猬也有，而且比应有的鼓膜面积还要大些。可是我们在哪里见过第二层鼓膜呢？人们把刺猬的第二层鼓膜叫做假鼓膜，以区别于真鼓膜。它比真鼓膜薄，有些松弛，没有多大弹性。这层多出的耳鼓膜也是声音接收器，使听到声音的机会更多了。但这层神奇的鼓膜的优点还不完全在此，它能增强声波的振动力，延长进入中耳的第一次讯号和第二次讯号之间的间隔，这两种讯号是通过听骨系统和真鼓膜传递的。也就是说，能更准确地确定声音来自何方。科学家对刺猬耳朵的奥秘的研究还在进一步深入。完全可以设想，两层鼓膜各有分工，假鼓膜传递低频率的微弱声音等，真鼓膜传递正常声音。

不管什么时候，只要传来可疑的沙沙声，刺猬周身的皮下肌肉一收缩，立刻变成长满刺的球。

刺猬是个出色的挖土手，用它那带着坚硬的前爪挖洞，洞深可达 1.5 米。如果树墩下有个僻静的地方或小坑，它就不再挖洞了，而开始用干树叶、草和地皮把自己的冬季住宅修饰得更加温暖。进入冬季住宅后，刺猬就不再理会周围所发生的事情了。

我国人民很早就发现刺猬的皮可以治病，约在东汉时成书的《神农本草经》中，已经收录了这种药材，列为中品。中医经过长期的医疗实践，认为刺猬皮性平味苦，入胃和大肠，有降气定痛、凉血止血功能，主治反胃吐食，腹痛疝气，肠风痔漏和遗精。

罕见而奇特的犰狳

犰狳（qiú yú）是一种奇特的常常被人低估的动物，它已经历了超过几百万年的进化，有着超乎寻常的适应能力。犰狳有保护性的甲胄，是具有真正甲壳的唯一哺乳动物。对于第一批西班牙征服者来说，它看起来一定很奇特，类似于澳大利亚的欧洲定居者看待鸭嘴兽一样。

犰狳有 21 种，目前分布最广、最常见的是长鼻子九带犰狳，人们能够在美洲的阿根廷发现这种犰狳。这种机敏的动物在 1850 年左右横渡格兰德河，轻松地移居北美洲。目前，犰狳多数分布在得克萨斯州、路易斯安那州和佛罗里达州。尽管因气候严寒不适合犰狳生存，但这些地方仍有犰狳出现。人们尚未彻底弄清这种动物是如何成功地移居到新地带的。

《犰　狳》

犰狳头顶有鳞片，形成盔状。躯干部一般分成前、中、后三段，前段和后段有整块不可伸缩的骨质鳞片，中段的鳞片分成绊（带状），以筋肉相连，可以伸缩，绊的多少视种类而异。尾部和四肢也有鳞片，鳞片间有毛。腹部无鳞，有较密的毛。栖息疏林、草原和沙漠地区，杂食。遇敌害时卷缩成一团。分布于南美洲、中美洲和美国南部。有三带犰狳、六带犰狳、九带犰狳等。

九带犰狳的体型大约相当于一只大猫，体重在 2.5 ～ 6.5 千克之间。九带犰狳能够把空气深深地吸入胃和肠，增加浮力，这有助于漂浮。它们还能憋气 10 分钟之久。人们遇见过犰狳拖着气泡，从溪流底部涉水而过，再爬到岸上。

犰狳与食蚁兽、树懒一样属于异关节目动物。它们的祖先大约在 5800 万年前出现在今天的南美洲，而它们的命运几乎与南美洲的变迁相一致。在很长的时间里，南美洲是远离大陆的孤岛。

异关节目动物的在一个几乎没有竞争的环境中茁壮生长和进化的。大约在上新世（500 万年前）美洲之间的陆桥形成之后，大型捕食动物向南迁移，并造成严重的破坏。化石记录显示，犰狳的祖先跋涉到北美洲，多半是为了逃生。随后，大约在 1.1 万年前，它们无缘无故地消失了，又在不到两百年前，重新出现在格兰德河以北地区。

犰狳独特的适应半地下生活方式的代谢系统助长了其韧性。犰狳的体温为 33℃ ～ 33.5℃，代谢率（这一体型动物的预期代谢率为 29%～ 57%之间）较低，这能防止它们在独居的地洞中太热。一只九带犰狳的活动范围可达 10.8 公顷，而且有多达

12 个地洞。有些地洞只是地表上的一个浅洞，能让犰狳把鼻子埋进土里休息，其他一些地洞深达 2 米，里面铺着草。再加上它的憋气的本领，使它在对付捕食者方面具有明显的优势，因为捕食者无法深入犰狳黑暗且不透气的地洞中。

如果犰狳碰巧在地洞外面，或者地表的浅洞中遇到捕食者，就会用两种方法自卫。第一种是蜷缩身体，把甲胄的边缘插进地里，四肢紧紧缩回，收紧脚爪。这种方法通常是用以阻止较小的捕食者，因为它们无法达到犰狳的身下，将其翻过来。三带犰狳能够卷成一个结实的球，这就更安全了。但是像美洲豹这样的大型捕食者能够用嘴咬住犰狳，弄裂甲胄。犰狳的另一种防御手段是突然而且迅速地垂直跃入空中。这种方法能吓住捕食者，使犰狳有足够的时间逃跑。

在南美洲，犰狳肉被认为是一种美味，据说味道像上好的猪肉，其甲胄可制成皮包。

▲ 犰狳

犰狳让科学家着了迷。这主要有两个原因：其一，九带犰狳的幼子具有相同的基因。这种犰狳总是一胎产 4 只一模一样的幼子。它们由相同的遗传物质形成，并共享一个胎盘。瑞士研究犰狳的专家马里耶拉·苏佩里纳说："有几种理论试图解释这一现象，但尚未弄清其意义。"九带犰狳的幼子出生时没有甲胄，不能自立，身上覆盖着柔软但坚韧的皮肤，皮肤随后会变硬，并由骨质甲板形成甲胄。幼子在 4 ～ 5 周后断奶，并在 6 个月至 1 岁大时达到性成熟。

其二，犰狳是除人类之外，唯一易受麻风病菌感染的哺乳动物。在大多数犰狳的组织中，尤其是肝脏、脾脏中存在麻风分枝杆菌。在得克萨斯州和路易斯安那州发现的犰狳中，每 6 只中就有 1 只携带这种病菌。

凶猛的犀牛要生存

犀牛是凶猛、孤僻而又珍贵的动物，目前世界上仅有五种——黑犀、白犀、苏门答腊犀、大独角犀（印度犀）和小独角犀（爪哇犀），前三种是双角犀。黑犀和白犀分布于非洲的热带，其他三种犀均分布于亚洲。它们生活在热带或亚热带丛林里，以各种植物为食，为热带厚皮兽，同属奇蹄目犀科。

1957年7月中旬，北京动物园从肯尼亚引进两岁的黑犀“非阿”，在动物园里安家落户。1965年开始生儿育女，它一年四季均可发情、求偶，怀孕期平均为452天、446天至465天，每胎产一子，5～6岁成熟，能活40～50岁。“非阿”自幼由人工饲养，经过多年驯化，和主人建立了“深厚”的感情。它从来没跟主人发过脾气、耍过“态度”，即使坐月子，主人进入它的产房，它也没有任何敌意。“非阿”母性十足，总是让孩子们先吃先喝。

提起犀牛的脾气和“态度”，使人想起犀牛和犀鸟和睦相处的故事。

非洲犀牛身体庞大，四肢粗壮，皮肤坚硬，多皱褶，毛极稀少，体重可达1500千克，头上长着两只奇怪的角，一前一后，前大后小。大角有90厘米长，打起架来，任何猛兽都不是它的对手。这样一个凶猛的家伙，居然也有一位知心的小朋友——犀鸟。说来也怪，它们总是和和睦睦，朝夕相处。

原来，犀牛的皮上有许多皱褶，其中的皮肤非常娇嫩，神经、血管密布其间；再加上它喜欢在水泽泥沼中生活，时间久了，皱褶里就钻进了各种寄生虫叮咬它的皮肤，疼痒难忍。停歇在犀牛背上的犀鸟，嘴巴尖长，身披黑羽。它们结成小群，无拘无束地在犀牛背上走来跳去，不停地在犀牛的皮肤皱褶处觅食小虫，有时它还毫不客气地爬到犀牛的嘴巴或鼻尖上去。犀牛之所以对犀鸟这样客气，是因为它在为自己捉拿寄生虫，否则，它会痛痒难耐。

犀牛眼睛很小，视力很差，听觉也不十分灵敏。每当发现险情时，犀鸟便会立即向自己的伙伴发出警报，先是跳到它的背上，然后飞起来，大声啼叫并在上空盘旋。所以有人又把犀鸟称为犀牛的“警卫员”。

《犀　牛》

犀牛体粗大，体长2～4米，尾长60～76厘米。吻上有一或两角。前肢三或四趾。门齿不发达，无上犬齿。毛极稀少，皮厚而韧，多皱褶，色微黑。以植物为食。现存有五种：独角犀，分布于印度、尼泊尔、不丹；小独角犀，分布于马来西亚、缅甸、印度尼西亚等地；黑犀，分布于非洲；双角犀，分布于印度尼西亚苏门答腊以及加里曼丹等地；白犀，分布于非洲南部。

▲ 犀牛

犀牛是世界上极其珍贵的稀有动物，犀角是贵重的药材之一。

为了满足有利可图的犀牛角贸易的需求，偷猎犀牛曾在亚洲和非洲愈演愈烈，几乎将犀牛逼上了绝路。

1920 年，非洲南方的白犀牛仅剩下 100 头，如今已增至 4000 头。几年来，它们已经被迁到原来的分布区去。目前，在博茨瓦纳、南非和津巴布韦，白犀牛的数量已相当可观。

莫桑比克的白犀曾因偷猎而绝了种，不得不从国外进口。连年内战使白犀牛又一次遭受劫难，现已所剩无几了。偷猎使非洲北方白犀牛也几乎绝迹，现在仅有区区 17 头生活在扎伊尔的加拉姆巴国家公园，由公园管理人员严加保护。

非洲黑犀牛数量的减少是最令人吃惊的，它们从 1970 年的 65000 头锐减至 1986 年的 4500 头。这主要归咎于在非洲黑犀牛最大的栖息地（如坦桑尼亚的塞勒斯野生动物保护区和赞比亚的卢安瓜河谷）进行的偷猎活动十分猖獗。在津巴布韦，尽管该国的野生动物保护部门的工作很卖力，但是在赞比亚河谷偷猎犀牛的活动仍然达到了空前的程度。

亚洲有三种犀牛，它们的生存也受到了威胁。爪畦犀牛在印度尼西亚爪哇岛西端的一个国家公园里尚可见到，在溪流的两岸生活着大约 60 头。公园管理员的严密巡视使偷猎者不敢涉足。然而，由于这些犀牛密集地生活在一小块地域内，一旦瘟疫袭来，几周之内这些犀牛就会全部染病而死。

印尼苏门答腊犀牛有 750 头。但是由于其天然栖居地遭到人为的破坏，这些犀牛被迫四处逃命，七零八落地生活在各地，这使它们很难进行繁殖。为此，有关部门计划将这些苏门答腊犀牛迁到马来西亚和英国去，以便它们在人工饲养的条件下繁衍。

二十几年来，在东亚进行的犀牛贸易额已经减少，这是令人欣慰的迹象。它使人们对犀牛将在它们的某些天然栖息地内得以生存下去产生了希望。

狡猾的狐狸

狐狸的寿命不长，一般只能活12年左右。所以说，狐狸能活上千年，能成“精”成“仙”的说法，是毫无根据的。

不过，狐狸是十分狡猾的，特别是它那善诈偷盗的伎俩，最令人痛恨。

从狐狸偷鸡的本领，就可以看出它那十足的狡猾相。雄狐狸和雌狐狸常常一起偷偷来到农家宅院附近，然后分头行事：雄狐狸故意做声，诱骗凶猛的看家狗狂吠直追，但它与狂追的狗始终保持着一定的距离，待把狗引到很远的地方，便逃之夭夭。当狗垂头丧气地回到家里时，鸡舍里的鸡早已被雌狐狸叼走了。更狡猾的是，狐狸能模拟小羊、兔子等动物的叫声，以此诱骗羊、兔闻声而来，以便乘机擒住，饱餐一顿。它扑杀家兔时所采取的则又是另一种办法：它常常装做一位彬彬有礼的来客，徘徊在兔窝附近，待家兔恐慌感逐渐消失时，就乘其不备，突然袭击。更令人感到意外的是，有时连猎人也会被狐狸捉弄：在山林里的小道上，狐狸有时遇到猎人便拔腿逃窜，逃到一定的距离时却忽然停下，故意回过头来，四处张望，观察动静。当猎人举枪瞄准时，它又迅速伏下身体，飞快地向远处逃跑。当它逃到有效射程以外时，又停下来，再回头观察，好像故意和人开玩笑一样。猎人有时遇到这种气人的事，被它拖得精疲力竭。

▲ 狐狸

狐狸的警戒心极强，一般情况下很少“单枪匹马”深入村里去偷盗家禽。偶尔去一次，也绝不敢连续作案。它的活动时间多在薄暮中、黑暗处或黎明前后。虽然狐狸尾巴有一种臭腺，能分泌油质臭物，成为猎犬追逐的线索，但它在万分危险时竟能除去这种臭味。要是遇到羊群，还会把臭气传染给羊群，嫁祸于它们，而它自己则安然逃去。狐狸还有一个特点，就是多疑。

狐狸的洞穴构造精巧别致，两端开口，内部光滑，洞门很多。猎人都知道，要从洞穴里捕捉狐狸是很难的。狐狸交尾多在初春，怀孕60天分娩，每胎产5～8子。它的寿命为12年。在自然生活8～9年后，其视觉和行动即见衰退，因不能捕食不是饿死，或是被其他动物所害。

偷盗家禽、小家畜是狐狸的专长，但它更多的是捕捉为害农作物的田鼠和野兔等，为人类消灭很多有害的小动物。它们的毛皮很珍贵，在国际市场上很受欢迎。

狐狸的一些狡猾行为，是它在长期的进化过程中，为了适应外界的环境，特别是逃避各种凶猛的野兽，慢慢地锻炼出来的。任何动物都有这个特点，比如老鼠会逃避猫，狡兔有三窟等等，没有什么好奇怪的。可是，古时候，人们并不理解这些，误认为狐狸如此狡猾，必定是什么“神灵”，因而对它产生畏惧。后来，在阶级社会里，统治阶级为了维护自己的统治，便利用人们对狐狸的畏惧，捏造狐狸成“精”成“仙”的迷信，并且竭力提倡供奉“胡仙”，修建“胡仙庙”、“胡仙堂”等等。一些专门从事迷信活动的巫婆神汉，又假借“胡仙”附体的名义，装神弄鬼，胡说人生病是被“胡仙”迷住了，以及“胡仙”能驱鬼下药、包治百病等等。再加上旧时代的文人用“狐狸精”为题材，编写神怪小说或传统故事，忠实地为统治阶级服务，或者发泄对统治阶级的愤怒。这样一来，狐狸成“精”成“仙”的迷信就越来越多，传播得也越来越广，直到现代，还有一部分人迷信“胡仙”，或者是借“胡仙”迷惑思想不开化的人，借机骗取钱财。其实，我们只要仔细想想，狐狸虽然十分狡滑，但是“狐狸再狡猾，也逃不过精明的猎手”。

狐　狸

狐狸也叫“草狐”、“赤狐”、“红狐”。狐狸体长约70厘米，尾长约45厘米。毛色变化很大，一般呈赤褐、黄褐、灰褐色；耳背上部及四肢前外侧均为黑色，尾尖是白色。尾基部有一小孔，能分泌恶臭。栖息森林、草源、半沙漠、丘陵地带，居树洞或土穴中，主食鼠类，兼食两栖类、爬行类、昆虫、小鸟及其他小兽和野果等。平时单独生活，生殖期结成小群。中国除台湾及海南外，各地都有；也分布于日本、朝鲜半岛、蒙古国、俄罗斯、东欧、西欧、北非、中东、南亚等地。毛皮珍贵。

驯狼牧羊

狼这种动物，常被用作凶恶、狠毒、残忍、贪婪的同义词。

许多人都读过《中山狼传》，听说过“狼吃羊”的故事，知道了狼的不可改变的吃人本性。然而，动物学家经过长期反复的观察、试验研究表明：人不但可以接近狼，甚至可以长期地和它生活在一起；经过驯化的狼不但不再吃羊，还可以看护羊群，成为牧羊人最忠实的朋友。

一提起狼，人们一般只想到那可怕的嗥叫、阴森的目光，不免产生厌恶恐惧之感，而对它的生活习惯却不熟悉。

狼的生活与人的生活有着相似之处。人类的家庭由父、母、儿女组成；而一个狼的家庭一般有 10 只左右，它们也由老公狼、老母狼和幼狼组成。母狼常与幼狼待在一起，公狼外出猎食，有时也兼管照料幼狼。

狼群中有着严格的等级制度，狼群的首领有选择食物和配偶的特权。它带领着狼群外出猎食，并决定什么时候跟踪、攻击目标，什么时候休息，猎获量多少等等。狼群的计划性很强，通常，它们所攻击的每 24 只鹿中仅杀死一只，其余的放走，留待以后猎获。

公狼之间要经过一番激烈的厮打来决出谁是“首领”；只有“首领”才有权选择配偶，其他成员则不许随意交配，狼群就是这样控制家庭成员增加的。

狼群的这种等级制度使许多已成年的狼忍受不了，所以它们只有三条路可走：

一是通过厮打取得“首领”的地位；

二是逃离群体，另寻自己的伴侣，组成一个新的家庭；

三是卧薪尝胆，待日后再图“霸业”。

而大多数已成年的公狼因夺魁无望都选择了第二条路。所以，狼群中一般只有老公狼、老母狼和幼狼。

狼的驯养工作最早是从德国开始的。《明星》画刊生动形象地报道了享誉世界的养狼怪杰——沃纳·弗特：“他像狼那样嚎叫，和狼一起猎食，与狼一块

狼

狼体长 1 ~ 1.6 米，尾长 33 ~ 50 厘米。足长，体瘦，尾垂于后肢之间，吻尖；口阔。眼斜；耳竖立不曲。毛色随产地而异，通常上部黄灰色，略混黑色；下部带白色。栖息山地、平原和森林间。性凶暴；平时单独或雌雄同栖，冬季常集合成群，袭击野生和家养的禽、畜，是畜牧业主要害兽之一。分布于亚洲、欧洲和北美洲；中国除台湾、海南外，其余各省均有。毛皮可做皮衣、褥、帽等。

睡在莽莽丛林之中，不时同狼‘侃侃而谈’。只要他向漫漫夜空一声长啸，阵阵狼声便立时从四面八方传来；他放声高唱‘人歌’，狼便向他奔驰而来，友善地舔他的脸，亲他的嘴……”

沃纳·弗特早在童年时代就喜欢往森林里跑，观察琢磨各种动物的生活习性。中学没毕业，他便进入了法兰克福动物园。尔后，到亚非拉的许多山村和荒凉偏僻的地带考察野生动物。回国后他便开始和狼打交道，投入狼的怀抱，和狼生活在一起。

后来，他拥有了5个用铁丝网围成的森林养狼场，总面积达30多公顷。沃纳·弗特有他自己的栖身之处——长4米、高6米的大木箱子。冬季垫一些干草御寒取暖，和狼蜷伏在一块，度过一个个漫漫长夜。

“和狼在一起，千万不可丧失警惕，麻痹大意。妖术是不存在的，但我并不胆怯害怕，因为我会科学地对待它们。”这是沃纳·弗特总结十几年的经验，对各国科学家、记者做出的精辟回答。最初，有一天夜里，由于沃纳·弗特缺乏经验，睡觉时不小心挤醒了入睡的狼，被惹怒了的狼差点要了他的命。还有一次，他来到迈齐克养狼场，几乎惊呆了：弓着腰弯着背的一只只狼，狼毛竖立，狼尾伸展，齐刷刷地站在一起，虎视眈眈地拦截他。沃纳·弗特心里感到惊悸，但他知道，倘若流露出半点恐慌，后果将不堪设想。机警的沃纳·弗特一边注视着站在最前面的“带头狼”，一边镇定自若地走去，狠狠地踢了狼一脚。带头狼尖叫着仓皇逃跑了，其余的狼立刻反戈一击，站在主人一边去追赶那只夹着尾巴逃遁的“带头狼”。

寒来暑往，15个春秋的养狼生涯在沃纳·弗特的身上和脸上留下了一道道伤疤。这道道伤疤记录着他的辛酸、艰险，也凝结着成功的欢乐、幸福。他已经成了狼群的首领，负责分配它们的食物，照料它们“生儿育女”；与此同时，他还潜心撰写了一部有关狼的著作。

▲ 狼

实验证明，人为地对动物进行早期训练，改变动物的食性，不仅可以驯狼牧羊，还可以让狐狸和鸡同居一室；狮子与绵羊和睦相处……这就提醒人们对一些动物不应滥加捕杀，而应该加以保护；某些物种还有可能按照人们的意志进行驯化，让它们造福人类。

给黄鼠狼平反

黄鼠狼一般都躲在山坡、草丛、树洞、柴堆或破庙里睡眠。天黑之后，它才出来找东西吃。它最喜欢吃老鼠，而且捕捉老鼠的本领特别大。它在鼠洞外面，能够闻出洞里有没有老鼠。在找不到老鼠吃的时候，它也吃鸡、青蛙、鱼和昆虫等小动物。所以，有时候，鸡窝的门没有关严，它就会钻进去偷鸡吃。因此，它就背上了“偷鸡贼”的坏名声。俗话说：“黄鼠狼给鸡拜年——没安好心。”在农村，人们发现鸡被吃了，总以为是黄鼠狼干的。这种说法可靠吗？从事黄鼠狼研究工作的科学家通过大量的科学实验，否定了黄鼠狼专门吃鸡的坏名声，给它平了反。

有一个时期，科学家每天解剖 20 ～ 30 只黄鼠狼，从留在它胃里的骨头、牙齿等残骸来鉴别它吃的是什么动物。经过日积月累的工作，他们分析解剖了上海、浙江、江苏、安徽、湖北、河南、山西、吉林、内蒙古和黑龙江等地近 5000 只黄鼠狼，发现只有两只吃了鸡。

以后，科学家又做活的黄鼠狼吃食试验。第一晚，在黄鼠狼的笼子里放进活鸡 3 只，一段带鱼。黄鼠狼没有吃鸡，吃了带鱼；第二晚，放进鸡、鸽、老鼠、蟾蜍。黄鼠狼吃光了老鼠，吃掉了一部分蟾蜍；第三晚，放进活鸡、活鸽。黄鼠狼把鸽子咬死……第五晚放进活鸡。黄鼠狼在没有别的食物的情况下才以鸡肉充饥。

黄鼠狼不是鸡的天敌，却是蛇的死对头。科学家把蛇与黄鼠狼放在一起，两者相遇，互相对峙。黄鼠狼显得异常灵活，不时跳动，变换自己的位置，防御蛇的袭击。在蛇头伸出的刹那间，黄鼠狼如离弦之箭冲上去咬住蛇头，迅即又放掉，不让蛇缠身。然后，黄鼠狼再伺机进攻，直到把蛇咬死吃掉为止。

黄鼠狼有惊人的抵御蛇毒的能力。一般说来，20 毫克的蛇毒结晶就能使人丧命。研究人员给 1 千克重的黄鼠狼注射这么多蛇毒结晶后，黄鼠狼当天厌食不吃；第二天小便带血、脚肿，也不吃食；第三天开始进食；到第五天又活蹦乱跳了。最后，科学家把注射量增加到 30 毫克，有一些黄鼠狼仍然未

黄鼠狼

黄鼠狼，又叫鼬。其体长约 30 ～ 40 厘米，尾长约 15 ～ 20 厘米。体型细长，四肢短。背面赤褐色，口和颐白色，胸腹淡黄褐色。栖息林中、水边、田间以及多石的平原等处。主要在夜间活动。以啮齿类、小鸟及昆虫为食，也袭击家禽。肛门近旁有臭腺一对，能放出臭气，用以御敌。分布于亚洲、北美洲温带与寒带；在中国分布特别广泛。毛皮可做衣、帽，尾毛可制笔。

死。甚至有的黄鼠狼注射了40毫克蛇毒后，15天后又恢复正常。为什么黄鼠狼具有如此惊人的抵御蛇毒的能力？它的血清对人类防治蛇毒有什么积极意义？也许人们通过对黄鼠狼血清的研究，能找出防治蛇毒的办法呢！

特别令人高兴的是，黄鼠狼不仅会斗蛇，而且还是个灭鼠“能手”呢！黄鼠狼食鼠的本领特别大，咬住鼠头后几口就把老鼠吃掉了，并且能够挖开鼠洞，消灭整窝老鼠。据估计，一只黄鼠狼一年能够消灭300～400只老鼠。以一只老鼠每年糟蹋1千克粮食计算，就等于从鼠口里夺回300～400千克粮食。科学家到过很多岛屿、林区、草原调查后发现：凡黄鼠狼多的地方，老鼠就少；黄鼠狼或其他小型食肉动物少的地方，老鼠往往多些。没有黄鼠狼的地方，老鼠会多得成灾。这说明，黄鼠狼和老鼠起着生态平衡作用。看来，繁殖黄鼠狼，用生物防治的办法灭鼠，可收到事半功倍的效果。

▲ 黄鼠狼

黄鼠狼的身体细小、柔软，能够出入很小的洞穴。它的肛门近旁有一对臭腺，是它防身的“法宝”。人追捕得紧的时候，它就会放出一个特别恶心人的臭屁。趁人掩鼻的空隙，就会逃跑或者钻到洞穴里去，一转眼就不见了。因此，人们往往感到很神秘，误认为它有“灵气”或者有“道行”。其实，这只是它求生和自卫的本领，就像狗会咬人，蜜蜂会蜇人一样，没有什么可奇怪的。

有人说，黄鼠狼会拜月亮，天长日久就会得“道”成“仙”。这是无稽之谈。它是一种非常胆小、感觉又非常灵敏的小动物。夜里，它出来活动的时候，稍微听到一点儿动静，就会立刻停步不前，用后脚站立起来，举起两只前脚，观察动静，窥探周围的情况，以便遇到危险的时候，好立刻拔脚逃跑。从前，有些人不懂得这个道理，就牵强附会地说它在“拜”月亮。

还有人说，黄鼠狼能够迷人附体。其实，这种现象只是人患了一种精神错乱（心理变态）的病，医学上称为“凭依妄想”。

野猪的群体社会

野猪给人的总的印象是凶残、强壮。它全身密而硬的鬃毛仿佛是一件黑色的铠甲。它的眼睛小也不太管用，老是看着地面或顾盼一下左右；相比之下，其耳朵却很灵敏，能四面转动，甚至能察觉1千米外的行人脚步声。一对约长30厘米的獠牙，令人望而生畏。成年野猪呈楔形的头，长度相当于躯体的1/3。但幼猪却不同，它们显条纹的身躯和匀称的鼻面，倒也逗人喜爱。随着年龄的增长，小猪的颚骨越长越坚实，长鼻骨迅速发育，终于长成了拱嘴。

在大型的有蹄类动物中，野猪是唯一的杂食者。它的食谱非常广，除了植物及果实外，还包括蚯蚓、软体动物、鸟、蛋、蛙、蜥蜴、蛇和田鼠等等，总共不下120种食物。野猪的牙不仅能咬碎核桃，而且能咬碎大角鹿的管状大骨头。

为了觅食，野猪两周内可跋涉300千米；它能灵活而快速地游泳；轻易地拱倒盘根错节的枯树；跃过4.5米宽的沟堑或1.5米高的障碍；不太费力地冲上40°～50°的陡坡；野猪的四只蹄子可使支撑面增加1.5倍，可以毫不困难地通过沼泽和洼地。但野猪与兔子一样，是不吃窝边食的。

野猪依靠坚韧的刚毛、稠密的细绒毛、结实的皮和厚厚的脂肪，能经受住沉重的打击和外伤。

野猪的生活是相对固定的，但也有迁徙；它们之中既有奉行独身主义的，也有家庭观念较强的。

一群野猪总是由一只开始起家的。当某群野猪出现“超编”现象时，就会有身强力壮的野猪独立离群觅一处无主空地，用犬齿在树干上作记号，并在通幽的曲径上喷洒下橙黄色的尿液，这种辛辣的强烈气味很久不散。在安家立业期间，它什么也不吃，日见消瘦，等待其他野猪的光临。一旦来了新伙伴，就会发生一场权力争斗，通常是先占地者胜利，于是宣告首次招兵买马的成功。

一群野猪有两位掌权者：领头公猪和女首领。猪群中等级制度是很严的，地位最次者总是缩颈仰鼻地呈现出一副谦恭相，小心翼翼地随时随地给高等

野　猪

野猪是家猪的祖先。它体长约1.2米。体面疏生刚毛，黑褐色，年老的背面混生白毛。犬齿极发达，雄的成巨牙状称“獠牙”，在上颌向外方生长。吻部较家猪长，与掘食习性有关。性凶暴。通常夜出掘食农作物，是农业害兽。广布于欧、亚、非三洲；中国各地均产。肉可食；皮可制革；绒毛和鬃毛都可利用。

级的野猪让道、让食。遇到危险关头，还得冒生命危险挺身而出。

有位动物学家曾亲眼目睹过这样的情景：一群野猪沿堤坝而行，突然前面出现了一道大豁口。猪群停下来并向后退，谁都想让同伴暴露在前面，于是队伍发生混乱。但很快又安静下来，只见有一只年轻的雌野猪被推出队伍。但当它走到裂口边上就驻足不前了，边惊惶地叫起来，边向侧后转身迂回走下倾斜的堤坡，小心翼翼地蹚过冰层，经过豁口后又回到了堤坝上。随后，野猪群在确信不存在危险的情况下，才一只只顺着探出的路线鱼贯跟进。

▲ 野猪

作为掌权的领头公猪，除了享有许多既得利益外，也有很多义务和责任：最起码的职责是维持种群秩序，调解争食争水引起的纠纷；当猪群在田野里进食时，它须担任警戒，只能匆匆忙忙地抽空抢吃一点东西；当猪群撤离危险区时，它总是殿后压阵。作为女首领则主要负责找食物和选择道路。在野猪宿营地（一般面积不超过 300 平方米），女首领总是居中，便于照顾和观察。野猪的死亡和出生率都很高，一窝崽儿能达到 14 只之多；而幼猪在猪群中的地位是神圣不可侵犯的，即使生身母猪死了，小猪崽儿也不会饿死，自会有别的养母哺育。母野猪的启蒙教育是很尽心尽职的。找到美食时，母猪会向上仰起头，张大嘴巴叹气，并发出长长的柔声。于是小猪纷至沓来，模仿着张大嘴，吸进并记住食物的气味。特别是对于女首领的行动，它们更是处处模仿，唯恐遗漏。

当猪群集体行动或睡觉时，总是将幼猪夹在队伍中间，大猪位于四周。睡觉时，大猪都是头朝外尾巴朝里睡的，便于察觉动静。一旦发现异常情况，在领头公猪发出警报后，群猪即头朝里尾巴朝外很快聚拢在其周围，并不乱跑，继续竖耳倾听；而小猪则伸开四肢，腹部着地卧在中央。如果敌人隐藏着不露面，领头公猪就会打着响鼻径直朝目标走过去，意在吓走敌人。接着，它又返回猪群，再令其他大猪沿它刚才走的路线巡视。在情况仍不明时，群猪就会解散应急队形，由女首领走在前，小猪随其后，两侧是大猪，由领头公猪殿后，撤离危险区。如果敌人凶相毕露大肆进攻的话，野猪群就会头朝外尾巴朝里地围成环形，同仇敌忾坚守阵地。

不伦不类的鸭嘴兽

在澳大利亚东部沿海和南部塔斯马尼亚岛上，有一种非常奇特的动物，叫鸭嘴兽。这种奇怪的动物，有一张鸭嘴似的嘴，但嘴里没有牙齿。披着一身毛，像爬行动物一样产硬壳的蛋。脚上有蹼，像只鸭子。用奶喂小兽，但没有奶头。它在河流湖泊中生活，在岸上地洞里歇息。雄性鸭嘴兽有毒腺，长在后腿的角质距上，能像蛇一样袭击其他动物。

据说，1880 年一个鸭嘴兽标本运到英国，当时英国较著名的生物学家们大发雷霆。他们断定，这个标本是几种不同的动物拼凑起来的，并扬言要追查是什么人敢对大英帝国恶作剧。

一年以后，一位英国动物学家收到一只被保存在酒精中的鸭嘴兽。他做了解剖并宣布这是真实的，人们才相信世界上确有像鸭一样的动物。随后，欧洲博物学家们来到澳大利亚的丛林地，并从那里发回一些对鸭嘴兽的描述：它被称作两栖鼹鼠、小水獭、鸟兽海狸和“鱼、鸟、四脚动物的混合物”。对它的形容词各不相同：大的、小的；长毛的、不长毛的；角状嘴的、橡胶状嘴的；驯服的，好斗的等。

鸭嘴兽有一个平而扁的阔嘴巴，短而钝的粗尾巴，还有一对蹼，乍看起来，同家鸭差不多。而它那身漂亮而柔软的灰色绒毛，又可与我国特产水獭媲美。

鸭嘴兽既不同于哺乳类，又不同于爬行类、鸟类。它生殖、繁衍后代的方式非常奇特。它既下蛋，又哺乳。鸭嘴兽与鸟类、爬行类也有相似的地方：卵、尿、粪都由一个孔排出体外，所以叫“单孔类”。雌兽受精后在体内发育成两个卵。卵排出后，由母兽孵化，10 天后，小兽破壳而出。母兽没有乳房和乳头，只在腹部有一片乳区，像出汗一样分泌乳汁，小兽就爬到母兽的腹部舔食乳汁。两个月后，幼兽睁开眼睛，但活动能力还很弱，4 个月后，小兽能独立游泳、觅食。

你看，有多怪，说它是野兽吧，它靠下蛋繁殖

鸭嘴兽

鸭嘴兽体肥，雄体长约 60 厘米，雌体长约 46 厘米。喙扁平突出，状似鸭嘴。无外耳；眼小。尾短而扁平。毛细密，深褐色，有光泽。四肢有蹼，适于游泳；趾有尖锐的爪，适于掘土。雄性髁部有角质距，与毒腺相连。穴居水边，半水栖生活。以蠕虫、水生昆虫和蜗牛等为食。卵生，由雌兽孵化。无乳头，幼兽从雌兽腹面乳腺区濡湿的毛上舔食乳汁。产于澳大利亚南部及塔斯马尼亚岛。

后代；说它是爬行动物吧，可它孵出的后代是靠哺乳喂养的。真是“不伦不类”。我们知道，一般从蛋中孵出的小动物是不吃奶的，如鸡、鸭、鸟、蛇；而一般吃奶的动物是胎生的，不下蛋，像猫、狗、猪、羊。由于鸭嘴兽既下蛋又吃奶，生物学家们伤透了脑筋。最后，只好以毛和奶作为决定分类的依据，将鸭嘴兽列入哺乳类，称它为“卵生哺乳动物”。因为世界上只有哺乳动物有毛（鸟类的羽毛是扁的）和分泌真正的乳汁，而这两个特点鸭嘴兽都具备。

鸭嘴兽总是在河边打洞，洞有两个出口，一个通往水中，一个通往陆上的草丛。它们用爪挖洞的本领很高，即使在坚硬的河岸，十几分钟就能挖出一米深的洞。有的洞长达几十米，里面有宽敞的“卧室”，准备产卵用。卧室全铺着树叶、芦苇等干草，俨然是个舒适的“床铺”呢！

▲ 鸭嘴兽

科学家发现，雄性和雌性鸭嘴兽都有一个像鸟类或爬行动物的泄殖腔（一个既有排泄功能又有生殖功能的单一出口），而不是两个分开的出口。雌性鸭嘴兽有一个和雌鸟一样的卵巢，能产蛋黄和蛋白，蛋壳作胚胎的保护层。

若与爬行动物相比，鸭嘴兽显然是比较高等的动物，因为它虽属卵生，却是哺乳的。但在哺乳动物中，它却是最低等的。它生蛋和排泄粪尿都用一个器官，所以又称为单孔类。澳大利亚是世界上唯一的单孔类动物的故乡，除了鸭嘴兽外，还有一种叫针鼹。

鸭嘴兽是从鸟类到哺乳类之间的过渡型动物。关于它的祖先，还有待进行深入的研究，目前尚无结论。这真是天下之大，无奇不有。生物界有待人们去探讨、揭示的奥秘，还多着哩！

极其珍贵的毛皮兽——水獭

水獭，又名水狗，是我国珍贵的毛皮兽类之一。水獭分布范围很广，欧洲、亚洲、非洲北部和南美苏里南的江河湖泊，我国大江南北的水乡河边和芦苇荡里，到处都有它的足迹。其中尤以黑龙江省宝清县的大、小索伦河、小挠力河岸，以及吉林省长白山头道白河、二道白河、三道白河和松花江上游、鸭绿江、漫江等各河流、湖泊中较为常见。

水獭模样奇特，惹人喜爱。身体细长呈圆筒状，长约 70 ～ 80 厘米。尾巴扁平，长 33 ～ 40 厘米，底部宽大，这是它的舵和橹。借助这“舵”和“橹”，它可以在水中呈波涛状前进。体重 7 ～ 12 千克。

不少常在水中出没的动物，如鳄鱼、青蛙等，它们的头部是扁平的，眼睛和鼻孔长在头顶，以利于在水面上窥测方向和呼吸，不致被人发现。水獭头部也是这个样子的。它的头部宽且稍扁，眼小，耳朵小且圆。四肢粗短，趾间有蹼，适于水中游泳。

▲ 水獭

体被里面是咖啡色的绒毛，外表有一层灰褐色又粗又密的针毛，背面深褐色，迎光生辉，腹部毛色较淡。水獭皮下脂肪层薄，毛皮厚实绒毛密，不易吸水，保暖性超过貂皮，故有兽类“毛皮之王”的美称。

水獭经常穴居河边，性喜群栖，常在岸边陆地及沼泽里掘土打洞造穴。水獭的听、视、嗅觉都十分敏锐，鼻孔和耳朵里都有特殊的活瓣，在水里能自动关闭，因此它能下水潜伏 7 ～ 8 分钟之久，潜水深度达十多米。它追逐鱼群，巧妙捕食，是任何兽类、水禽所不能比拟的。水獭主要捕食各种鱼虾，有时也觅食水禽和小型兽类。

水獭在水里游动自如，行动敏捷，可是一到陆地，则行走缓慢，令人发笑。先是蹬开四条短粗的小腿，惯用腹部紧贴地面匍匐前进。冬天来临时，它们常常三五成群蹒跚地在薄冰或浅雪上漫游，一遇敌情，“哨獭”就会立即发出“哈！哈！哈！”的狂叫声，同伴听到后便很快地钻到冰窟或雪下逃遁。

由于水獭的皮毛异常珍贵，常被人捕杀取皮，所以它们胆子很小，只在黄昏或夜间出来觅食。这时候，它们的眼睛就不灵了。怎么办呢？它们自有一套灵敏的装置，那就是长在鼻子周围的长长的触须，凭着这些触须便可以在昏暗之中搜捕食饵。

春、夏季是水獭发情配偶的时节，性成熟的雌雄水獭经常成双成对地在岸边“哼哼”歌唱，或者交头接耳地谈情说爱，求偶交配。雌獭怀孕期两个月，每胎产子1～4只，生下来的幼獭常常“吱吱”地叫，而母獭却将幼獭横衔在嘴里取乐。幼獭长到120天就能自己活动了，由母獭先在陆地上教子女们跳跃、伏下、猛扑等捕食动作。小水獭的牙齿长硬了的时候，母水獭便耐心地教它们如何撕碎一条鱼，还训练它们游泳，去主动捕食。开始学游泳时，小水獭见了水总是畏缩不前，因为它们还没有成年水獭那层油光光的皮毛，对寒冷相当敏感。母水獭毫不姑息迁就，硬是把小家伙们带到河流中间，迫使它们自己游回岸边。一年后，小水獭发育成熟，就可以离群外出捕食，独立生活了。

小水獭会给自己修建住房，当然是极简陋的。两年后，它们已经成年了，但还保持着孩提时代的稚气。小水獭贪玩极了，它们常用一段段弯弯曲曲的木棒做玩具。它们最大的乐趣就是把河堤的斜坡当滑梯，由上滑入水中作乐；冬天则在雪上滑滑梯。当它们玩得高兴的时候，会发出吱吱的欢叫声。

水獭绵毛柔细而稠密，能御严寒且外貌美观、华丽，毛皮十分珍贵，经济价值很高，是制作名贵大衣领、帽子、袖口的上乘皮料；它的脂肪、肉可食用，肝脏可入药。由于乱捕滥猎，致使水獭数量急剧减少，被国家列为二级保护动物。近年来，我国科学工作者通过人工驯养，变野生为家养，积极繁殖，使养獭业有了较大的发展。

罕见的扭角羚

扭角羚是一种适应高山生活的大型食草兽类，是亚洲特产，也是我国一级保护动物。扭角羚生有一对似牛角的角，不过它的角从头部长出后，突然翻转向外侧伸出，然后折向后方，由于具有一对这样扭曲的角，故称“扭角羚”。又由于它身躯强壮如牛，体长可达 2.1 米，重 300 千克，犹如一头小水牛，而其头小、尾短，又像羚羊，又称“羚牛”。此外，还有野牛、山牛、白牛、牛羚、盘羊、大白羊等称呼。其实它与牛有明显不同：一是成体的犄角向内扭曲，二是尾短而多毛。它的形态构造介于山羊和羚羊之间。

扭角羚生活在海拔 1500 ～ 4000 米的高山上，这里山高谷深，地形崎岖，绝壁悬崖，比比皆是，再加上受地势影响，海拔愈高，气候愈寒冷，整个山地伴随海拔高度的升高，由低至高依次生长着常绿阔叶林、落叶阔叶林、针阔混交林、针叶林和高山草甸灌丛，显示出海拔愈高，环境条件愈严酷。可是扭角羚却无所畏惧，把这里作为自己的家园，林下密生的竹林、灌丛是它们隐身休息的地方，悬崖陡坡是它们的运动场地，它们在这里练就了一副强壮的身体，上下往来于群山之中，纵横于悬崖峭壁之间，如履平地。它身上披着厚厚的毛，抵御着严寒，因而扭角羚能够在许多动物望而生畏的高山严寒环境中繁衍生存。它们的食物以草类为主，辅以各种嫩枝、树叶及树皮。春季是扭角羚食物较多的时候，度过一冬的扭角羚，还时常下到 1500 米左右的山谷中“抢青”，如黄背草、鹅冠草、羊胡子草、早熟禾、野百合、藜芦、天门冬、黄花菜等。而新生的竹笋、竹叶更是家常便饭。夏季扭角羚随气温上升而迁至高处，除上述种食物外，还采食羌活等含有多种维生素及淀粉的食物。秋季，扭角羚可择食更多的植物，因此膘肥体壮。冬季扭角羚进入高山台地，主要采食松花竹、树皮及灌木嫩枝。它的食物中很多为中草药植物。这对于在自然界为生存而抵御各种疾病的扭角羚，具有一定的辅助作用。扭角羚喜欢吃特定的食物，这可能与某些生理上的特别需要有关。如扭角羚喜欢啃食冷杉树皮，可能与冷杉树皮含单宁有关；喜欢舔食岩盐及硝盐，这与草食动物需要补充盐分有关，还可能与胎儿发育需要大量的钙、磷、

《扭角羚》

扭角羚体长 1.7 ～ 2.2 米，尾长 15 ～ 20 厘米。雌雄都具有短角。全身棕黄或深棕色，眼睛周围是黑色。一般见于海拔 3000 ～ 4000 米处。以青草、树枝、竹笋为食。分布于中国四川、云南、西藏、陕西、甘肃；不丹等地也有。为国家一级保护动物。

铁诸元素相适应。

扭角羚白天多隐匿于竹林、灌丛中休息，黄昏和夜间出来觅食。性喜清静，每群少则几只，多则几十只、上百只。觅食时，每群有一头体强力大的“哨羚”居高瞭望，一旦发现有异常情况，它会立即“报警”，其他扭角羚则闻声潜逃。它们走动时，背部向上弓起，蹒跚而行，姿态奇特，令人发笑。成队行进时，由慓悍的扭角羚“开路”、“断后”，速度比较快。休息时，它们会像狗一样蹲坐。

▲ 扭角羚

扭角羚每年 7 ～ 8 月进入交配季节，对扭角羚来说这可是一个庄严的时刻，能否把种群最强壮个体的“基因”传递下去，是关系到整个种群兴衰的大事。但谁是最强者呢？这需要通过角斗来决定。这时的雄性扭角羚，性情变得异常凶猛，强壮雄性个体之间为了争夺雌性，取得“霸主”的地位，互相间展开了殊死的角斗，“战争”一旦爆发，必见高低才能罢手。失败者往往退居群后，成为随从，失去了与雌性交配的机会，有时失败者还会遍体鳞伤，甚至丢掉性命。体弱衰老的雄性，对此角斗避而远之或等待时机，以图东山再起。经过激烈的角逐之后，最终的优胜者得以与雌性交配，从而保持种群的繁盛。扭角羚的孕期约 9 个月，多在翌年 3 ～ 5 月产子，每胎为一子。

扭角羚之所以被人们称为极为难得的珍贵动物，主要是因为数量稀少，并且这种动物体重有几百千克，且性情凶暴，易攻击人，很难捕获。即使捉到，也无法从崎岖偏僻的山区运出来。至于人工饲养的扭角羚，据统计，除中国动物园外，全世界只有 3 家动物园展出，总共也只有 5 头，而且都是喜马拉雅种扭角羚。四川亚种、秦岭亚种和不丹亚种等 3 种扭角羚，国外动物园至今没有展出过。特别是秦岭扭角羚，国际自然和自然资源保护联盟所公布的红皮书上将其列入珍贵级内。由于对该亚种的情况所知甚少，1979 年日本出版的《世界的动物》一书中，曾称它为“探险家羡慕的目标”。

为了保护扭角羚，除在扭角羚分布的地区建立了多个综合性的自然保护区外，又在陕西省秦岭东段柞水县境内建立了以保护扭角羚为主的“扭角羚保护区”。

秦岭扭角羚

秦岭扭角羚通体白色，成年个体体重 200 ~ 300 千克，体长 1.8 ~ 2.1 米。秦岭扭角羚的分布区域，以太白、洋县、佛坪、宁陕、周至五县为主要分布区域，此外宁强、凤县、留坝、眉县、柞水、蓝田、长安等县也有分布，涉及陕西省秦岭山区的 6 个专区 14 个县。秦岭扭角羚实际上是沿秦岭主山脊 2200 米以上的中山或亚高山带栖息，在秦岭主山脊一线沿冷杉林以上的地方即为秦岭扭角羚的栖息地。

松鼠·麝鼠·毛丝鼠

天地之大，无奇不有。在鼠类大家庭中，也有招人喜欢的动物，它们是松鼠、麝鼠、毛丝鼠。

松鼠

▲ 松鼠

松鼠体态优美，小巧玲珑，自古以来就受到人们的钟爱。这种漂亮的小动物乖巧、驯良，很讨人喜欢。它面容清秀，眼睛闪闪有光，行动敏捷、机警，一条蓬松的尾巴总是翘得高高的，显得格外漂亮。

科学工作者的研究表明，松鼠喜食软皮果实以及松科、山毛榉科的果实和种子。但食物随季节而不同，春季主食花、乔灌木嫩芽。秋后以山毛榉科、松科种类的果实、种子为食。

在我国东北长白山自然保护区的红松林里，在高大的枝头上，常常可以看到一只只小松鼠在跳来跳去。它们有两颗锋利的门牙，即使松子坚硬的外壳也是一咬就开，果仁便落到它肚子里了。红松的松塔大，一只松塔上有20颗左右的松子。这是松鼠最爱的美食。假如当年松子丰收，那么松鼠吃得饱，繁殖得多，第二年松鼠家族就兴盛。

每当秋天种子成熟的时候，松鼠就会采集好多好多种子埋在地下，为越冬做准备。可是，松鼠的记性不太好，秋天埋得实在太多了，有些连自己都找不到了。但这也有一个好处，那些被松鼠遗忘的种子会在第二年的春天生根发芽，慢慢长成茁壮的大树。松鼠被人们称为“义务植树家”。

麝鼠

麝鼠，又叫水耗子，顾名思义它是在水中生活的老鼠。因为在繁殖季节公鼠能分泌一种与麝香一样的物质，所以分类学家送给它一个美妙的名字——麝鼠。麝香是一种高级香精，在国际市场上被称为“软黄金”。

麝鼠常年生活在水中，食水草和芦藕为生。它的长相也不俊俏：小脑袋，小眼睛，又短又钝的小嘴上长着一对很大的门牙；耳朵小得可怜，隐藏于毛丛中很难看见；尾巴又扁又长，上边没有几根毛，而是覆盖了一层细小的鳞片；前肢短，后肢长，后趾之间还长有像鸭子一样的蹼。别看它的样子丑陋，却身披华丽的“外套”。其被毛丰厚而细软，针毛具有特殊的分水功能。当你把麝鼠从水中提出时，可以看到一串串的水珠从它身上滴溜滴溜地滚落下来，眨眼间浑身都干了。在阳光下，那淡黄色的被毛，光闪闪，金灿灿，十分华丽可爱。由此人们把它的毛皮称为青根貂皮，被视为高级制裘原料，在国际市场上享有很高的声望。

麝鼠的故乡在北美洲的沼泽地。在那里，麝鼠虽得天时地利之便，却失“人和”之乐。因为在那里还生活着一种性情凶猛的水貂。水貂恃强凌弱，时常威胁麝鼠的安全。麝鼠体躯肥胖，视力不佳，又无自卫武器，一遇水貂，只有东藏西躲或束手待毙。它只是靠着自己顽强的繁殖能力，才能于艰难的生存环境中延续种群。19世纪末，人们发现了麝鼠皮之高贵，导致了大规模的商业生产，诸如人工放养、引种散放和人工饲养等技术措施应运而生。

毛丝鼠

在鼠类大家庭中，论相貌，毛丝鼠可以说是首屈一指的。在它那500多克重的小动物身上，长满了蓬松平齐而又柔软细密的绒毛，看上去像一个大绒球。它的头部有几分像老鼠，但胡须坚挺而长，眼睛大而明亮，炯炯有神；耳朵也很奇特，耳郭向前，直立于头上，好像是两个淡黄色的梨缀在这个大绒球身上。胖胖的椭圆形身体，又很像松鼠。

伏天酷热，它就不停地摇晃大尾巴，给自己摇“扇子”解暑。渴了时，用嘴含着笼子里连着饮水瓶的塑料管，像婴儿吮乳一样“咕咕”地喝起来，但水必须清新干净，否则它会生气不喝的。它以新草为主食，吃东西时竖身直坐，用像人手一样灵活的前爪，抓起东西送进嘴里。

你可不能惊吓它，它胆小，一惊吓就掉毛。有趣的是，谁要是从它们的鼠群中拿出一只，以后再放回去，那么这只鼠就不会被收容了；至于生客，就更不欢迎了，常常是群起而攻之；不是亲生的子鼠，会被它们咬死的。

毛丝鼠的容貌是可爱的，但更可爱的还是它那身特殊的毛皮：艳丽新颖，油滑光亮，状若丝绒，是任何毛皮动物都无法与之媲美的。自然状态中的毛丝鼠只有一种颜色——灰色，人们称之为标准色。今天，在育种学家们的努力下，毛丝鼠已脱掉了古老的装束，换上了各种各样的服装：有白色的、蓝色的、米黄色的、咖啡色的、黑天鹅绒色的……五颜六色，光彩夺目。

蝙蝠与夜蛾的空战

在自然界，有许多动物为了自己的生存进行过激烈的生死搏斗。在飞行动物中，蝙蝠与夜蛾之间的空间肉搏战，颇为精彩、神秘，它们各自采取的追捕和对抗手段，引起人们极大的兴趣。

在夏日傍晚，依稀的暮色中，人们可以看到蝙蝠在那儿追捕夜蛾或蚊子。但是，在如此昏暗的夜色中，蝙蝠怎样探测夜蛾呢？

起初，人们以为蝙蝠也与其他动物一样，是靠视力发现目标的。

后来，人们做了一些实验，逐步破解了它的秘密。人们专门布置一间房间，没有任何光线，从天花板到地板拉上许多铁丝，铁丝之间间隔正好比蝙蝠的翅宽大一点，再把铁丝与仪器相连，如果蝙蝠与铁丝相撞，就可以从仪器上观察到。把蝙蝠放入这一房间中，发现蝙蝠仍能飞行自如，穿越众多的铁丝网障碍而不碰撞。可见，蝙蝠飞行与视力无关。为了可靠起见，甚至还用黑胶布把它的眼睛蒙起来，结果还是一样。但是，如果把蝙蝠的耳朵用石蜡封住，或把它的嘴用胶布粘住，再放入这一房间，那么它就像没头苍蝇似的到处乱撞。可见这与它的听觉和发声有关。再联系到蝙蝠飞行时发出的人刚能听到的尖叫，以及用超声探测仪记录到的讯号，可以肯定蝙蝠飞行时，自己发出超声波，用耳朵捕捉回声，用以定位和探测目标。这就是蝙蝠的声波雷达，即“声呐”。

自然状态的蝙蝠，一边发出超声波，一边无声地做曲折飞行，追逐飞虫。用特殊的高速摄影技术可以捕捉到蝙蝠与夜蛾之间的追跑轨迹。

读者也许会问：视力很差的蝙蝠在夜空中“盲目飞行”，单靠其“声呐”是否管用？从野外观测以及一些行为实验表明，它的声呐不仅管用，而且还相当优越！

这种声呐的体积和重量都很小，整只蝙蝠有几百克重，而它的发声器官和耳朵都在头部，即使再加上它的分析器官，也不会超过几克重。因此蝙蝠可以携带着小巧的声呐在空中做种种特技飞行。

这种声呐的分辨力很高，蝙蝠能自由地飞过由直径 0.12 毫米的线织成的网。不仅如此，它还能区分是十字形物体还是圆形物体，能分清虫子还是纸片。

蝙蝠的声呐对于蝙蝠的生活起着极为重要的作用，它携带着声呐在空中急速地转移，能每分钟捕捉 10 只飞虫。

蝙蝠飞行时发出的超声脉冲，声强是非常大的，有人测量后，发现其声强甚至超过地下铁道中火车发出的噪声。有的蝙蝠还能使它们发出的信号聚焦。它的嘴鼻周围皮肤隆起，形成圈状瓣膜，起着扬声器的作用。

魔高一尺，道高一丈。在蝙蝠与夜蛾的斗争中，夜蛾处于极为不利的地位。但是地球上的夜蛾没有完全被蝙蝠吃光，这是有它的原因的。夜蛾从它的身体结构到它的飞行方式，都采取了一系列措施来对抗蝙蝠的声呐探测。难怪英国皇家第 360 空军中队把一只夜蛾画在队徽的中心，作为该中队执行电子干扰任务的标志。

夜蛾的反声呐措施大致有这样一些：一是有灵敏的侦察设备——鼓膜器；二是有效的防护服；三是巧妙的逃跑动作。

夜蛾的胸腹之间有一个特殊的听觉器官，专门接受超声波，叫做鼓膜器。在鼓膜器内有三个神经细胞，其中有两个与听觉有关。当放送某一频段的超声讯号时，可以从鼓膜器的神经上引出电讯号，夜蛾一般可感受 8 ～ 100 千赫的超声波，有的可感受高达 240 千赫的超声波，对于 22 千赫的超声波，反应最大。夜蛾使用这个简单而灵敏的接收器，探测蝙蝠的来犯。如果把鼓膜器破坏，那么夜蛾就失去了情报来源，只能成为蝙蝠口中的美味了。

有健全的鼓膜器的夜蛾，在截获蝙蝠的探测“雷达”波后，如果相距 30 米左右，夜蛾便转身溜之大吉；如果近在咫尺，鼓膜神经中的脉冲达到饱和频率，说明危险临头，夜蛾已来不及继续收听蝙蝠飞行方向的信号了，只有当机立断，采取紧急措施——开始转圈子，翻跟斗，采用曲折的飞行线路，躲避蝙蝠的追击。如果迫在眉睫，只好收起翅膀干脆直线往下落，掉在树枝或地上草丛中隐蔽起来。总之，使蝙蝠无法确定它的位置。

夜蛾身上还有一种防护设备，就是厚厚的一层绒毛，这层绒毛吸收大部分的超声波，使得蝙蝠接收不到足够的回声，发现不了它的所在。据说，有的夜蛾足部关节上还有一种振动器，能发出一连串的“咔嚓”声来干扰蝙蝠的声雷达。也有的夜蛾模仿臭蛾子发出的超声波，欺骗蝙蝠不要捕捉它。

▲ 蝙蝠

夜蛾采取这些措施，用以对付蝙蝠的声呐，从而有效地防止了蝙蝠的掠食，维持了自身的生存。

吸血鬼——吸血蝙蝠

第二次世界大战期间，美国曾搞过一个“蝙蝠轰炸日本”的计划。他们捕捉了200万只蝙蝠进行研究试验，设想利用蝙蝠喜欢栖息在阴暗角落里的特点，将大量绑有微型烈性炸弹的蝙蝠用飞机运到日本城市上空投放，它们就会到居民木屋的阁楼上“安家落户”，从而引起爆炸，给日方士气以沉重打击。可是，经过多次试验，蝙蝠并不飞入新居，反而返回故里。其中，有颗炸弹倒真的响了，但不是在日本，而是在美国墨西哥州的一个军用飞机库，使整个机库被完全烧毁。这项煞费苦心的耗费200万美元的计划终于在1943年被放弃。

蝙蝠，獐头鼠目，其貌丑陋，令人生畏。其实，绝大多数蝙蝠是人类的益友。我国人民自古视蝙蝠为吉祥的象征，在古代建筑、家具、服装和器皿上，它的图案到处可见。蝙蝠日暮成群飞出，捕捉蚊子等害虫，黎明前隐匿于屋檐下或岩洞里。据统计，全世界大约有900多种蝙蝠，有专食昆虫的家蝠、大耳蝠、山蝠等，也有食果实的狐蝠及果蝠，还有食蛙的皱唇蝠，以及吸动物或人血的吸血蝙蝠。

据研究，有的蝙蝠一夜能捕食蚊子3300多只，它们在捕食大量害虫之后，胃里积存的害虫重量几乎是它体重的1/3。它们不但能吃，而且也能拉，在它们常居的一些岩洞里，可收集到成吨重的蝙蝠粪。蝙蝠粪和鸟粪一样，是一种肥效很高的优质肥料。

据报道，在国外有人专为蝙蝠设置了适应它们栖息的蝙蝠塔。一座能容纳50000只蝙蝠的塔，每年可收集20多吨蝙蝠粪。凡是设有蝙蝠塔的地方，很多种害虫显著减少。特别是由于蝙蝠能大量消灭蚊子，当地疟疾的发病率也显著降低了。

蝙蝠有奇特的本领，它能在黑暗中飞翔和捕食昆虫。1938年美国科学家发现蝙蝠以超声波定位以后，把它作为仿生学的研究对象，因而发明了雷达等现代化设备。

蝙蝠的食物主要是昆虫。但最近发现，中南美的一种蝙蝠——皱唇蝠，除吃壁虎等小型爬行动物外，还食蛙。动物学家观察证明：一小时内它竟能抓6～7只蛙；它在暗处完全凭蛙的鸣叫声进行捕捉，其捕获成功率随鸣蛙多少而增减。根据播放各种蛙的鸣声

最大的蝙蝠

唯一能飞行的哺乳动物是蝙蝠，目前约有950个种类存活于世。翼展最长的蝙蝠是见于俾斯麦群岛和新几内亚的俾斯麦飞狐。现存于美国自然历史博物馆内的一个标本翼展长度为1.65米。一些未经测量的这种蝙蝠翼展长度可能达到1.82米。

录音可以看出：当放布氏雨蛙声时，蝙蝠就接近；当放一种有毒的蟾蜍声时，蝙蝠大部分无反应。该种蝙蝠还能识别蛙体的大小，能清楚分辨出体长35毫米的蛙和体长200毫米的另一种蛙。对于个体太大的蛙，蝙蝠不能捕捉，因为蝙蝠的脚无力搬动它。

蝙蝠是具有飞行能力的哺乳动物，分大蝙蝠和小蝙蝠两大类。前者体型大，第一和第二指均有爪，以果实为食，如狐蝠、犬蝠等；后者体型小，仅第一指有爪，种类较多，一般以昆虫为食，如菊头蝠、山蝠等；个别种类吃鱼或吸其他动物的血。

在拉丁美洲，有一种东西夜里出来，从动物和人的动脉里吮吸鲜血。在没有弄清真相之前，人们认为这是一种吸血鬼。它像一个巫婆，夜里蜕去皮，变成一个火球，藏在僻静的地方，伺机扑到动物或者人身上吸血。后来，科学工作者揪出了这个“吸血鬼”，原来它是一种吸血蝙蝠。

拉丁美洲的蝙蝠种类很多。在各种蝙蝠中，就有夜里吸血的蝙蝠。吸血蝙蝠是恐水病和其他危险疾病的媒介。学者们查明，吸血蝙蝠只分布在新大陆的热带地方，共分三种：普通吸血蝙蝠、连毛腿吸血蝙蝠（或小吸血蝙蝠）和白翅吸血蝙蝠。

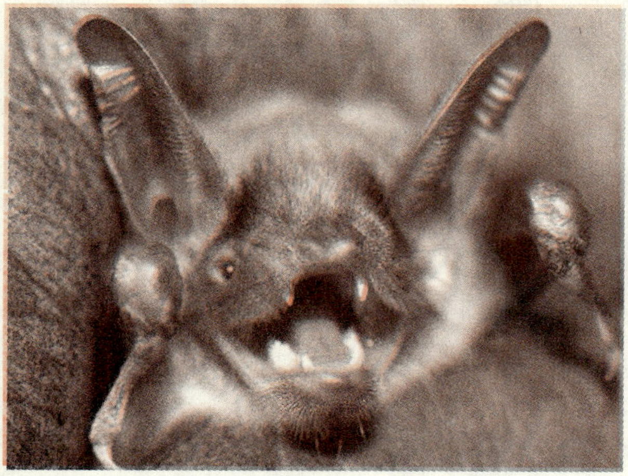

▲ 吸血蝙蝠

吸血蝙蝠适应于潮湿的热带森林生活，也适应较冷的山区。它们异常灵活，善跑、善跳、善爬，甚至能后腿直立长时间大步行走。它们的视察力和嗅觉都很发达，又有独特的“回声探测器”发出特殊的超声波，用耳朵捕捉周围动静。它异常小心地飞到要袭击的对象上边，长时间地在上面缓缓盘旋、观察，寻找机会。然后飞下来，用它那像刮脸刀片一样锋利的门齿，不痛不痒地咬开动物或人的皮肤，把舌头伸进伤口处开始吮血，每秒钟吸5次。它的舌头下方有两条从舌尖通到喉头的小沟，彼此由肌肉隔开。通常，它们咬人的面颊、鼻子和手指，咬牛和马的背部或体侧，咬猪的腹部，咬鸟的腿部。

一般吸血蝙蝠每次吸血50克，占其体重的一半。当吸血量是其体重的2倍时，仍能飞走。它一夜间能吸几种对象的血，或往返几次吸同一对象的血。每次吸血时间长达9～40分钟。这样，一只蝙蝠每年吸血要超过9升。它的平均寿命为12年，一只吸血蝙蝠一生所吸的血达100升之多！真是名副其实的吸血鬼！

澳大利亚独有的袋鼠

位于南太平洋的澳大利亚，是个风物独特的国家。只要看一看这个国家的国徽，就会给人以联想。澳大利亚的国徽，左边是一只袋鼠，右边是一只鸸鹋。

袋鼠在英文中叫“堪加鲁”。据记载，1770年英国航海家库克在探测澳大利亚东海岸时，见到一种“跳跃前进”的奇怪动物，问土著人是什么，土著人回答说“堪加鲁”，从此得名。其实“堪加鲁”在土著语中是“不知道”的意思。

袋鼠生活在水草丰盛的草原上，在澳洲有52种。它们大小不一，小的体长才20厘米；大的可达2米，体重有100多千克。大袋鼠是它们当中的佼佼者，被画进澳大利亚国徽的就是大袋鼠。雌袋鼠的腹部有一个育儿袋。它们的幼子都是发育不完全的早产儿。如大赤袋鼠的幼子只有3/4克重，最大的也不超过1克，仅是母袋鼠体重的三万分之一。刚出生的幼子软弱无力，像个蠕动的小虫子，无耳无眼，靠身体的感觉，本能地沿着母袋鼠用舌头在腹部舔出的一条通往育儿袋的路径爬进袋内，小袋鼠要在袋内生活6个月左右才能独立生活。袋鼠体壮，跳跃力强，每小时可跑60千米。其跳跃时全靠后脚和尾巴的力量，一跳可高达几米。大袋鼠在澳大利亚随处可见。袋鼠见到夜间在公路上行驶的汽车的灯光，以为是敌人来袭击，就从森林跳到公路上，奋起抵抗，与汽车相撞。有时早晨看到路上开过的汽车前部鲜血淋淋，其实是撞了袋鼠，不是撞了人。

几年前，澳大利亚西澳大学代表团赠予中国动物学会三只羚袋鼠和一对黑天鹅，中国动物学会委托北京动物园饲养。它们住在一间明亮而整洁的兽舍里。羚袋鼠不太怕人，一只大的全身棕红色，尾巴像条钢鞭，杵戳在地上，支撑着身子坐在那里，舔舔“手”，搔搔耳；两只小的全身棕褐色，侧着身子伏卧着，毛尖稍带点灰色，不时地舔舔爪子，一面东张西望地瞧着过往的游人，泰然自若……大概是因场地不太宽敞，很少看到它们奔跑跳跃，但有袋类动物的独特风姿，仍吸引了游人的注目。

小袋鼠的秘密

小袋鼠出生时都是准确地降落在妈妈粗壮的尾巴上，袋鼠妈妈会用舌头在尾巴根到育儿袋之间的肚皮上舔出一条湿湿的窄“通道”。小袋鼠凭借着天生灵敏的嗅觉，顺着“通道”爬进妈妈的育儿袋中。倘若小袋鼠从妈妈的尾巴上掉下去，那就无法生存下去了。

澳大利亚西部地区70%是沙漠，雨水稀少，气候干燥而炎热，最高温度可达48℃～49℃，环境条件很恶劣。但是生活在西澳山区的羚袋鼠，生命力（适应性）很强，能够长期不喝水或每周只喝一次水。

羚袋鼠属于夜行动物。白天躲藏在潮湿、凉爽的山石岩洞里，借以避免骄阳的暴晒，减少体内水分蒸发；夜晚气温较低时才出来活动。羚袋鼠有一种特殊的生理机能即自身回收尿氮，这一方面弥补了身体对氮的需要，另一方面又减少了体内水分的排泄。尽管如此，羚袋鼠仍然需要定期补充一定的水分。其原因有两个：一个是岩洞面积有限，洞住满后，有的羚袋鼠就必须住在洞外面，便会受烈日暴晒和热空气的侵袭，使得体内水分大量蒸发；再一个是羚袋鼠对盐有一定的需求，而山上岩石含盐量少，到一定时期就要下山找水，从水中得到钠盐的补充。下山找水的羚袋鼠常有近 1/4 因找不到水而渴死。羚袋鼠的食物主要是耐旱的硬三齿稃。干旱季节可占食物总量的 76.5%。

▲ 袋鼠

羚袋鼠能够自我控制繁殖，只有在羚袋鼠发生死亡或迁移下山后腾出了栖身之处，母羚袋鼠才会生产，否则即使怀孕，受精卵也会停止发育，直到条件具备了再继续发育直至分娩。

“世界野生动物基金会”及“自然和自然资源保护协会”认为，澳大利亚的袋鼠因遭捕杀临近灭绝。一些西方国家的野生动物保护团体也呼吁各国政府采取措施，限制袋鼠产品进口。

但澳大利亚有关当局认为，澳大利亚拥有 47 种约 3000 万只袋鼠，现在只允许捕猎 7 种，而且袋鼠繁殖率特别高，每年可递增 25%，它们绝无灭种之虞。

据野生动物保护者的调查，1983 年大旱之后，澳洲袋鼠只剩下 1200 万只，目前最多不超过 2000 万只，而猎户们通常每年实际捕杀 600 万只。因此袋鼠有绝种的危险。

奇妙的有袋动物

有袋类动物，是一种进化上较为低等的哺乳动物。它们集中分布在澳大利亚的伊里安岛、塔斯马尼亚岛上。澳洲的有袋类动物约有150种，除袋鼠外，其中比较出名的有以下几种：

袋獾

在澳洲最大的岛屿——塔斯马尼亚岛上，栖息着一种绰号叫"塔斯马尼亚恶魔"的有袋类动物。这种动物的学名叫袋獾。

袋獾为什么会得到这样一个恶名呢？原来是塔斯马尼亚岛上的白人移民，根据它丑陋的相貌、凶狠发疯似的性情给它起的诨名。其实这是很不公平的，经过驯养的袋獾完全可以变为憨态可掬的驯服的小动物。就连那些被捉到的成年袋獾，如果是驯养得当，也能使其改变凶猛的个性。

▲ 袋獾

袋獾是一种矮小粗壮的动物，大小和我国产的獾差不多。它是一种食肉动物，通常在夜里出来觅食，食物包括鼠类、蜥蜴、蛇、野猫和兔子等。它吃东西的方法很有趣，常常是把猎物连皮带骨整个吞下去。袋獾觅食并不挑三拣四，碰到动物腐尸亦可充饥。因此，捕捉袋獾的诱饵无需讲究，只要是肉就行。袋獾四肢短小，跑动不快，所以很容易捕捉。

袋獾曾受到早期移民的大量猎捕，因为它们常常毫不客气地从人们的院子里把家禽拖走。如今，袋獾在塔斯马尼亚的处境很好，已经受到当地政府的充分保护。

袋猫

澳大利亚还有一种极为稀有的袋猫，却鲜为人知。袋猫是现存的有袋动物中最小的一种。它和其他有袋动物一样，以母猫胸前有一育儿袋而得名。它的育儿袋里有三四对乳房，可容纳 4 ～ 6 只小袋猫。

袋猫是一种行动诡秘的动物，它生性多疑，而且谨慎小心，一有风吹草动，立即逃之夭夭。加上它有昼伏夜出的特性，白天栖息在山上的岩缝中或林中的树洞里，晚上才悄悄出来活动，所以很难捕捉。袋猫以捕食老鼠、小鸟和昆虫为生，从这点说，它是益兽。但有时候它也会袭击家禽，趁黑偷偷摸进村舍偷鸡吃。它抓到鸡后先把血喝干，然后才大嚼其肉。

袋猫还有一种非常奇特的本领，就是它的骨骼富有弹性，可以伸缩自如。正因为有了这个特点，即使比它身体小的洞穴，它也能不费吹灰之力地钻进去，并在洞内很快地匍匐前进，追捕食物。

袋　熊

袋熊是一种穴居的有袋动物，母袋熊腹部育儿袋的开口是向后的，幼子从母亲的两条后腿中探出头来。这也许是自然选择的结果，因为袋熊的爪短而不灵活，不能像袋鼠那样用爪子打开育儿袋口，把头伸进去清理育儿袋。向后开口可以避免挖洞时把沙土弄进育儿袋中。

树袋熊

树袋熊享有与我国熊猫一样的声誉，是世界珍稀兽类之一。它个子不大，通常体长只有 60 厘米，圆滚得像个胖娃娃。它们单独栖息在大桉树的树冠上，只以桉树叶为食，而且在澳洲的 350 种桉树中，它们肯问津的只不过 20 来种。母树袋熊一般一胎产一子，产两子的极少见。育儿袋里有两个乳头。树袋熊母子之间感情特别深厚，它们的婴儿常把小脸伸出育儿袋，十分好奇地东张西望，有时还爬出育儿袋，在妈妈身边玩耍。

袋　狼

袋狼是一种肉食性的有袋动物，体长 1 ～ 1.3 米。它们只生活在澳洲的塔斯马尼亚岛。20 世纪袋狼在这里成群结队地出现，侵扰羊群。当地政府颁布法令：打死一只袋狼奖励 100 马克。而今已很难发现它们的踪迹，成为世界罕见的动物了。

大袋鼯

大袋鼯是一种很会滑翔的有袋动物，身长 1 米多，体重 1.5 千克左右。它借助身体两侧、前后肢之间的翼状皮膜，在林间“飞行”。大袋鼯要“飞”时，先爬上树梢，由高处往下俯冲，一般能滑翔 100 米左右。它落地后，又爬上树做第二次滑翔。母大袋鼯的育儿袋里，通常只有一个幼子。幼子在母亲的育儿袋里要度过 4 个月方能成熟。

“海外游子”回到了祖国

考古发现，我国曾有过四种麋鹿，而且从旧石器时代起，就与我们的祖先发生了密切的联系。在原始人类的遗址，常常可以见到大量麋鹿古骸化石。从甲骨文麋与鹿的不同字形来看，古人早已把这两种动物严格地区分开了，而且主要区别在角上。在当时生产工具落后的情况下，甲骨文上记载猎麋的最高纪录一次竟达 348 只，可见当时麋鹿数量之多。同时，从狩猎数字的逐年递减，也可以推断出麋鹿种群的毁灭从那时就已经开始了。

麋鹿原是我国特有的一种大型的鹿类，身长可达 2 米，肩高 1 米多，雄鹿比雌鹿大，体重有 200 多千克。只有雄鹿生角，角的形状和其他鹿不同之处在于，它的角干上没有向前伸出的叫“眉叉”的分枝。身体背面及侧面颜色棕黄，腹面及臀部棕白色，在颈背有一条黑褐色的纵纹，成体的颈下长有长毛，尾巴比一般的鹿都长，约有 30 ～ 40 厘米，在尾的末端有长的丛毛，蹄子比一般的鹿宽大并且分开瓣。麋鹿又叫“四不像”，是说它的“尾像驴而非驴，颈像骆驼而非骆驼，蹄子像牛而非牛，角像鹿而非鹿（正确地说应该‘角像鹿而非一般的鹿’）”。

在我国著名的特产动物中，大熊猫已成为人们熟知的宠儿，但一般人却不知道，麋鹿在海外的名声，几乎不亚于大熊猫，这两种动物是在 19 世纪 60 年代中，同时被介绍到海外的。但是由于麋鹿早有实物可见，而大熊猫迟迟没有实物，所以麋鹿名满天下的时间要比大熊猫早得多，而且麋鹿特有的传奇般的“身世”更使它的知名度大大提升。

▲ 麋鹿

1865 年深秋的一天，法国神甫大卫站在北京南郊皇家猎苑墙外的土岗子上隔墙一瞥，发现了动物分类学上前所未有的奇异鹿类——麋鹿。在中国居住的14年间，大卫神甫曾把许多中国特有的动植物介绍给海外的科学家，其中包括三种中国最著名的特产动物：大熊猫、金丝猴、“四不像”。那隔墙一瞥，坚定了他非要把“四不像”弄到手不可的决心。他于1866年1月30日的深夜，匆匆赶到猎苑，隔着院墙以20两纹银为代价，换取里面偷偷递过来的两张鹿皮和两个头骨。后经巴黎自然历史博物馆鉴定，这果然是一个新属新种。

这种“新发现”的动物立即引起了世人极大的兴趣。1866年之后的10年间，生活在南海子猎苑里的“四不像”，被英、法、德、比等国的大使、代办、领事、教士之流，或明索，或暗购，先后弄走不少，分别养在欧洲各国动物园里，供人观赏。但是，由于当时他们不熟悉这种动物的生活习惯，所以养得很不成功，多半是越养越少，几乎死绝。唯一剩下的是养在英国贝福特公爵的别墅乌邦寺的一群。十一世贝福特公爵于1893～1895年间从法国、德国及比利时收集了18头麋鹿散养在他的大庄园中，在这里麋鹿得到了很好的发展。因为乌邦寺的面积很大，有水沟、水里有鱼、树林、草坡，几乎同北京的南海子猎苑一模一样，所以在这里养殖成功了。

与此同时，南海子猎苑的那一群麋鹿却连遭浩劫。先有1894年的洪水之灾，永定河水泛滥，冲破了猎苑的围墙，使里面的鹿、狍、黄羊等纷纷逃散，被饥民吃了不少。后又有1900年庚子之难，剩下的鹿群竟致全部覆灭！至此，英国乌邦寺的那群麋鹿遂代替了我国南海子的那群，成为世界唯一的麋鹿群，并从此过着“海外游子”的生活。

直到20世纪30年代至40年代，麋鹿才被公认为“世间最稀有最难得的鹿”。老贝福特素以拥有世界唯一的麋鹿群而自豪，无论别人出多少钱，他也不肯让出一只。但第二次世界大战打破了这种局面。一则小贝福特子承父业后没有延续父亲的作风；此外在战争中粮食缺乏。人尚且吃不饱，何况鹿呢？于是他一度不得不靠卖鹿肉打发日子。更令贝福特不安的是，在纳粹飞机狂炸英伦的日子里，整个鹿群大有毁于一旦之势。这使贝福特背上极重的精神负担，深恐这种事态会使他成为历史的罪人，永远受后人责骂，于是他决心分散鹿群。至1948年，乌邦寺的麋鹿群已增至252只，贝福特陆续将少数麋鹿转让给国内外各大动物园饲养展览，特别是英国惠布斯奈动物园，面积有230多公顷，也适于自由散放，所以给得较多。

新中国成立后，英国的动物学会曾于1956年及1973年两次将4对麋鹿送回中国，饲养于北京动物园，期望在它的故乡能重新恢复种群。但其发展并不理想，主要原因在于它的现有环境不能满足麋鹿的生态要求。1984年乌邦寺贝福特决定再赠送一批麋鹿给中国。1985年，在南海子原皇家猎苑建起一个面积60公顷、环境优美适宜的麋鹿苑，这年8月24日迎来了阔别近百年的“新主人”22头麋鹿——“海外游子”总算回到了祖国的怀抱。

大象的故事

在100多万年前，地球上有452种大象，现在只有非洲象和亚洲象两种了。

动物学家在印度河谷考古证明，那里的人早在4000多年前就开始驯养亚洲象了。在古代战争中，象起过装甲坦克部队的作用。战象身披铠甲，鼻上缚有利剑，长牙上系着带毒的长矛，象背上的小塔里藏有担任观察和警戒的武士。古代军队的整个司令部往往就设在象背上。印度皇帝亚格伯曾用300头战象攻克了8000名敌兵守卫的希托尔要塞。

象的听觉十分灵敏，可以在5千米内预告有水源或自己的同类。象的“智慧”十分令人赞叹。它能为找水而挖坑，过桥时不忘用鼻子试试桥的坚固程度。象的记忆力也是惊人的。在印度，一次有一头象把鼻子伸进了裁缝铺敞开的窗户，裁缝顺手用针扎了一下象的鼻子。几个月后，这头象再次来到这条街上，它在喷泉旁吸了满满一鼻子水，当它走到裁缝铺时，把裁缝淋成了“落汤鸡”，就这样对自己的“仇敌”进行了报复。

大象看起来动作很笨拙，但实际上十分聪颖，会“动脑筋”。有几则趣闻可以证实。

在国外动物园里，常有大象吮吸硬币的表演。有一次，一位游客用力过大，把一块硬币扔出栏杆外，硬币骨碌碌地滚到了墙根。大象几次伸出长鼻子去吸，可怎么也够不着。怎么办？大象盯着那枚硬币在“动脑筋”。不一会儿，它用力把长鼻子甩出圈外，但见它吸足气猛吹土墙，这口气像一阵风一样受墙阻挡反弹回来，把硬币带了过来。大象轻而易

▲ 大象

举地把硬币吸住，并且自豪地高高举起，引起在场观众的一阵欢笑。

印度东海岸城市本地治里有一位著名的点心师，一天，他做点心不小心把铜蒸锅的底烧穿了。他叫自己平日驯养的大象驮着蒸锅送到一个铜匠那儿去修补，大象做了个姿势，铜匠马上明白了它的来意。大象耐心地等铜匠把蒸锅补好，最后它伸出长鼻“吻”了一下铜匠的脚，似乎是“鞠躬示谢”。主人拿到蒸锅用水一试，发现还有几处裂缝渗水，叫大象送去重修。聪明的大象驮起蒸锅，来到一口水井边，吸了水喷到蒸锅里，大象一到铜匠处，就把盛满水的蒸锅高高举起，让水滴在铜匠的头上。好像在说：老师傅，你的手艺不怎么高超！

大象虽然生性温顺，但容不得人们对它过分挑逗、“侮辱”，否则，它会设法“回敬”那些好事的游客。伦敦动物园有一头叫“杰克”的母象，一次，一个年轻人先用甜食引诱它，后又把手缩回去，这样连做了几回。“杰克”当即发火了，它伸出长鼻子，一下把年轻人打翻在地。

大象的鼻子

陆地上的四足动物，无论有多高，总得从地面取食。大象的身材高大，光是它那个脑袋的重量至少也有500千克。因此，要使它的嘴能接触地面，就得长一个又长又粗的脖颈儿。这样一来，运动时不就显得很笨吗？象恰恰没有生长这种脖颈儿，而是长着长长的鼻子。据研究，五千多万年以前的象鼻子并不很长。为了适应生存，经过几千万年的演化，才形成了现在这样的长鼻子。象用它取食、御敌、搔痒……成了它的手。

在巴黎动物园，一位游客用一个苹果引诱大象，当大象过来接受“礼物”时，他用粗针猛扎了一下大象的鼻子。大象连忙把鼻子缩回去，好像对此毫不介意。游客到别处转了一圈又回到象馆，正巧停在那头大象面前。这头大象“记性”真好，趁他不备，伸出长鼻子，一下子“夺”走了他的凉帽，“撕”成碎片，抛出圈外，教训了这个恶作剧的游客，游客吓得魂飞魄散，而大象得意地欢叫了一声。

在泰国，人们还把已经绝种的黑牙象的黑色象牙供奉在庙宇之中。泰国是亚洲产象最多的国家之一，在泰国，象被视为国宝，严禁杀害。白象更为珍贵，只有皇室有权饲养。一位泰国历史学家说，如果没有大象，泰国的历史可能要重写。在古代，泰国曾为了大象同其他国家交战。在战争中，象同战马一样，驮载着泰军的将领和士卒南征北战。17世纪，泰国国王的军队有战象两万头。

象在泰国人民的经济生活中起着不可忽视的作用。象的样子很笨，实际上却很聪明，它不仅能驮上千千克重的货物长途跋涉，还能在固定的工作岗位上独立工作。泰国盛产木材，搬运木材的工作十分繁重，大象却能轻而易举地完成。它们利用自己那长而灵活的鼻子，一下子将木材轻轻卷起，很快放到指定地点，堆码得整整齐齐。

大象的墓地

半个世纪以前，社会上曾经流传着一则轰动世界的新闻：有一支探险队在非洲的密林里，发现了一个洞窟，洞的大厅里，堆满了象牙和象的尸骨。

这则新闻，后来被渲染得活灵活现，使不少冒险家垂涎不止。他们为了寻找“象的墓地”，故意把大象打成致命伤，让它挣扎着走向自己的“墓地”，以达到发现墓地的目的。但是，这些人都没有运气，尽管他们紧跟在大象的后面，穿密林，跨草原，一直跟踪到大象伤重力乏，不支倒地，咽下了最后一口气，却没有一头象走进传说中的“墓地”。

那么，传说中的大象墓地究竟是怎么一回事呢？

原来，早在 20 世纪 20 年代，一支白人探险队在非洲的一片密林不远的地方发现了象群，他们不顾当地土著人的反对，用密集射杀的办法，对象群下了毒手。当时，有一部分大象侥幸逃出射击火网，逃进了密林，却又遭遇了一场森林大火。受伤的象群无力逃离火场而被活活烧死，于是就留下了大批象牙和象的尸骨。不久，这件事被添油加醋地加以渲染，竟成了轰动世界的新闻。

说到这，读者一定会问：深山密林里到底有没有“象的墓地”呢？人们在深山密林里，为什么总不见象的尸体呢？它们死后，都葬在哪儿呢？

▲ 象冢

1970 年 12 月，有位动物学家为了调查非洲象的分布，却意外地在非洲密林近处看到了大象的葬礼。在离密林不到 70 米的一个草原上，几十头象围着一头雌象，好像在集会似的。原来，那头被围在象群中间的雌象是一头患了重病的老象，已经步履蹒跚，有气无力，连站也站不住了。不一会儿，它蹲了下来。低着头，喘着粗气，偶尔扇动一下耳朵，发出一声低沉的声音。围在四周的象，用鼻子把附近的草叶收拢起来，捆成束，朝雌象嘴边投去。但是，那头雌象已经不能吃食，只是支撑着身躯。最后，它终于支持不住，倒在地上死了。

这时，围在周围的象群突然发出一阵哀嚎，一头为首的雄象，用长长的象牙掘松地面的泥土，并用鼻子卷起土块，朝死象身上投去。接着，全体象群也都纷纷用鼻子把泥土、石块、树枝、枯草卷成团，投在死象身上，片刻，死象就被掩埋了，地面堆起了一个土堆。之后，为首的雄象一边用鼻子卷起土填在土堆上，一边开始用脚踩踏土堆。紧跟着，其他的象都跟着去踩土堆，把它踩得结结实实，成了一座坚固的“象墓”。

最后，雄象发出一声洪亮的嚎叫，象群立即停止踩踏，把土堆围在中间，一个个绕着土堆，慢慢地走着，就像人们在追悼会上进行向遗体告别的仪式一样。这样，一直走到太阳西下，才由雄象带领象群，耷拉着头，扇着耳朵，甩着长长的鼻子，依依不舍地离开土堆，走向密林深处，渐渐隐没在暮霭之中。

大象是生活在陆地上的最大的哺乳动物。大象的家族分为典型的两大类——非洲象和亚洲象。在亚洲象中，只有雄象拥有象牙，雌象则没有。而非洲象，无论雄象雌象，都有象牙。

迄今为止记录到的最长的象牙（包括史前动物的记录）是一副来自扎伊尔的象牙。这副象牙沿牙外弧量得的结果是：右牙长 3.49 米，左牙长 3.35 米，两根牙总重量为 183 千克。这副象牙归美国纽约动物协会所有，保存在美国国家兽头兽角收藏馆。曾有报道说，一根单个的象牙长达 3.51 米。

这是最长的象牙，还有最重的象牙。英国不列颠自然历史博物馆内的一副象牙是迄今为止有记录的最重的一副象牙。这副象牙取自于一头老年雄象，这头象是 1897 年被一位阿拉伯人用一支火枪在坦桑尼亚乞力马扎罗山脚下打死的。象牙最初的重量分别是 108.96 千克（长 3.09 米）和 102.15 千克（长 3.19 米），总重量 211.11 千克。单根象牙的最重记录是 117.13 千克，1900 年曾在巴黎展览会上展出，这根象牙取自西非贝宁捕获的一头大象。

《象》

象是陆地上现存的最大的哺乳动物，体高约 3 米，皮厚毛少，肢粗如柱。鼻与上唇愈合成圆筒状长鼻，鼻端有指状突起一个或两个。上颌门齿大而长，称象牙。有两种：亚洲象，鼻端具有一指状突起，耳小，后足四蹄。分布于印度、巴基斯坦、孟加拉国、斯里兰卡、马来西亚、泰国、缅甸、老挝、柬埔寨、越南及中国云南等地。非洲象，鼻端有两个指状突起，耳大披肩，后足三蹄。不易驯服。

救救大象

一万年前，世界上至少有15类剑齿象和其他象，总计452种，它们中间生存下来的只有两种——亚洲象和非洲象。

象的家谱纷繁庞杂，猛犸是现代象的直系祖先，残酷与巧妙的捕猎方法促使猛犸的消亡，非洲象和亚洲象就成了巨大的动物。

象喜欢生活在热带雨林和热带森林、热带草原接壤的地方，但它还能适应高寒的考验，在终年积雪的高山上留下足迹。因为象皮下脂肪层很厚——形成皱褶。象看起来很笨，其实它走动时却异常轻巧和伶俐。它能像攀登运动员一样爬上超过45°的陡坡；象若发现猎人追捕的声音，还能灵便迅速地逃遁，发出的声响比树叶落在平静的水面上的声音还轻微。大象如此灵活的原因之一，就是它有四只大脚，其脚掌上每平方厘米受力不超过600克。

象的敌手是不多的，老虎、狮子、犀牛、野牛都败在它的手下。象的感官始终保持着紧张和警觉的状态。象一昼夜要用16～20小时寻找食物，只用2～4小时稍事休息，午间阳光最灼热的时候，它就在阴凉处歇憩。

虽然驯化象的历史悠久，但至今仍不能将其视为家畜。然而，驯化好的大象，能帮助人耕地、驮送货物、拖拉木材等。在战火纷飞的年代，大象还帮助军队拖拉大炮。特别在印度，大象成了劳动人民的助手；泰国和老挝人民对大象极为尊重，把大象归属“国兽”之列。

由于林区缩小，工业污染以及乱捕滥杀，在世界上许多地方，珍贵的野生动物日趋减少，大象也是其中之一。然而，在海拔1000米以上的泰国茫茫山林和有水源的原始森林中，仍不时有成群的大象出没，不过稀世的白象却很难遇见。

从前，泰国有“白象国”之称。泰国人历来把白象看作吉祥、繁荣的象征。在1855～1917年间的泰国国旗是红地白象图案。在泰语中，把天上的银河称为“白象之路”。在建筑物和工艺品中，处处可见白象的图案。不少以白象为内容

陆地上最大的动物

生活在陆地上的最大动物是非洲象。平均每头成年公象，高3.2米，重6.5吨。迄今为止记录到的最大的一头象，是1974年11月7日在安哥拉南部穆库索东北偏北40千米处打死的一头雄性非洲象。这头非洲象一侧倒地时，沿着它的身体从它肩部的最高点量到它前腿的脚底长度为4.17米，这说明这头象站立时的高度约为3.96米。这头象的全长为10.67米，一条前腿的周长为1.8米。它的体重经计算约为12.25吨。

的神话故事在民间广为流传。

由于白象难得，自古以来，泰国历代君王均以获得白象为民富兵强和国家繁荣昌盛的征兆。泰国猎人每次捕获白象，都要举行十分隆重的仪式，将白象奉献给国王。拉玛九世王就曾获得过几只白象。

走出亚洲，我们再前往非洲看看大象的命运。

山林茂密的非洲原野，是各种珍禽异兽繁衍的广阔天地。但是，求财心切的偷猎者纷至沓来，珍贵的野生动物遭到了空前的浩劫。存活了30万年的非洲大象，是地球上最温柔、最聪明的动物之一。由于偷猎象牙以及人们对象的传统居住地区的侵占，使象的数目急剧减少。据世界野生动物保护组织估计，非洲大象正以一年65000头的惊人速度在减少，幸存下来的大象已不足100万头。偷猎者的活动正在由北向南转移，他们把苏丹、乍得和中非共和国的象群消灭殆尽后，进入坦桑尼亚、肯尼亚、赞比亚、扎伊尔和刚果。目前，仅非洲南部的博茨瓦纳、津巴布韦和南非三个国家采取了保护野生动物的有力措施，才使大象数量有所增长。

英国剑桥一个野生动物监护组织认为，高价收买象牙是导致非洲大象惨遭厄运的主要原因。象牙已成为世界大宗贸易商品，而国际市场上销售的象牙主要来自非洲。市场上象牙需求量增大更促使其价格不断上升。估计一年的象牙成交量有950吨左右，这就意味着一年有75000～100000头大象惨遭杀害。

随着非洲人口的增长和经济发展，越来越多的森林和草原被开垦为农田或修筑了公路，这样就缩小了大象生存活动的场所。

不久前，世界野生动物基金会发出紧急呼吁："救救大象。"他们制订了一个保护非洲大象的行动计划，并正在积极募集基金实现这个计划。

他们的行动计划是：

对非洲各个国家公园所做出的制止偷猎的努力，给予大量财政支援；

对象牙交易做出更加严格的规定，必要时禁止买卖；

采取行动，严禁破坏大象群居的环境；

对非洲学生提供保护野生动物的奖学金，并对当地进行的环境保护教育提供资金。

这个基金会还向世界儿童的父母们发出呼吁，该会认为儿童以及儿童的后代是现在和未来大象的好朋友，理应伸出同情和援助之手。

▲ 大象

麝香与麝鹿

1981年，我国运动员李宁在莫斯科世界体操锦标赛前的练习中，不慎右脚严重扭伤。当时距离比赛只有3天，于是外国人士认为他不能参加比赛了。然而，比赛时李宁竟上场了！

李宁的脚伤怎么恢复得如此之快呢？原来，他的脚伤是经我国体操队医生采用麝香医治好的。

麝香是我国名贵药材之一，有“药到病除”的妙效。它不仅是名贵药材，还是高级香料的原料，香味浓烈而持久，经济价值很高。

用麝香作香料，不但芳香宜人，而且持久，并起着圆和、定香的作用。古人在上等墨料中也加少量麝香，制成的墨称“麝墨”，用麝墨写字作画，芳香清幽，画卷封妥，防腐不蛀。

据我国古代医学文献记载，麝香的主要功用为：开窍、辟秽、通络、散瘀、治中风、痰厥、惊痫、中恶烦闷、心腹暴痛、跌打损伤、痈疽疮毒。在治疗许多疮毒时，相应的药膏中如加上微量麝香，药效特别明显。麝香渗透性强。它还具有抗菌抗炎的作用。据药理试验，麝香酊的稀释液在试管内能抑制大肠杆菌及金黄色葡萄球菌等。

据现代医学分析，麝香之所以能产生强烈的香气，是因为它含有麝香酮和灵猫酮两种成分。此外，麝香还含有胆甾醇、铵盐、磷酸钙、树脂等药物成分。

西医鉴于麝香有兴奋中枢神经系统作用，常用作强心剂、兴奋剂等急救药物。中西医临床表明，麝香还可以用来治疗乙型脑类、梅毒、麻疹等传染病。现代医学研究认为，麝香对镇痛、消炎及外用治疗疮肿痈疽尤其有特效。

但麝香来之不易。麝香是雄麝脐部香腺囊的分泌物，故俗称“脐香”。

麝，又名香獐子、獐子、麝鹿、麝香獐，藏族称拉石子等。在动物分类学中属于偶蹄目，鹿科动物。它是珍贵的野生动物，主要分布于我国西藏、四川等高原，云南、广西、湖南、贵州、青海、内蒙古、安徽、吉林、黑龙江、山西、河南、宁夏、河北也有出

《麝》

麝体长80～90厘米。前肢短，后肢长；蹄小。耳大，雌雄都无角。体呈棕色，背部较深；有的呈灰褐黑色，带有不甚明显的土黄色条纹和斑点。颈下向后至肩有两条白纹。雄麝犬齿发达，形成“獠牙”；脐与生殖孔之间有麝香腺，发情季节，特别发达。

产。与我国西南接壤的不丹、尼泊尔、缅甸、印度、巴基斯坦等国也有出产，但数量以我国为多，质量也以我国为佳。

▲ 麝鹿

麝，性格孤僻急躁、胆小怕人。夜幕降临的时候，它才出来活动。无群居习惯，一般只在发情期可见一雄一雌谈情说爱。麝的自卫能力很差，主要靠“飞毛腿”走悬崖，跳峭壁。如果遇到别的野兽追捕，就会边跑边淋尿，有时趴在地上动也不动。小麝崽儿遇到险情时，常“咩——咩”乱叫。

麝虽然胆小，但特别机警，稍有风吹草动，就急忙站起，抬头四下张望，如果遇猛兽侵犯，撒腿就跑。它还有个有趣的习惯，跑出后总想设法沿着旧路回到“老家”，这给狩猎带来极大的方便，因此猎人说它是个“舍命不舍山”的动物。

麝喜欢吃的食物是植物的茎、叶、花、果实、种子等，有时也吃些蘑菇、苔藓之类的食物。

麝香产自雄麝的香囊，初时是膏状的分泌物，慢慢凝结为一颗颗红褐色的香丸。秋天，雄麝寻找伴侣，在石头上蹭肚子，香丸便脱落于地，雌麝便循香而来。这脱落的香丸放出的香味，往往也就成为猎人捕捉麝的“路标”。

过去猎麝取香，通常是杀了雄麝，从腹下割下香囊，阴干后将毛剪短，成为“整麝香”。另一种方法是挖取囊中的麝香颗粒，名曰“麝香仁”。

猎麝取香是很困难的事。麝一旦发现猎捕者有加害之意，有时会自行破坏香囊，所以必须乘它不备将它打死，然后取香。由于射击时有一定距离，雌雄难辨，以致往往误射雌麝，影响繁殖。而要取得1000克麝香，要射杀60只雄麝，并有一定数量的错杀，如此年复一年，麝的数量急剧减少，保护天然资源已成为突出问题。

为了解决麝香的供求矛盾，我国早已开始进行麝的驯养，先后在四川、安徽、陕西、山西、西藏、云南、东北等地兴建了养麝场，开展了野麝家养的工作。麝胆怯畏人，常因持续惊恐紧张不进食而死亡。通过悉心研究，现在野麝家养、活麝取香已获成功。实践证明，活麝取香，对雄麝不但没有影响，而且取香后雄麝仍能再生麝香。一只体质健壮的雄麝可连续取香10年。这为合理驯养、利用麝资源、增加麝香产量开拓了一条前景喜人的新路。采取这种方法，每年可取麝香两次，因此目前我国麝香产量与过去相比有大幅度增加，居世界第一位。

水中“大熊猫”——白鳍豚

传说古时候鄱阳湖边有一姓江的渔家父女，在湖主父子的欺凌之下，女儿被逼得投江自尽，变成了白鳍；渔夫被打得落湖溺死，变成了江猪。后来，江猪与白鳍在风浪中掀翻了大船，使湖主父子葬身鱼腹，得以报仇雪恨。

现实中的江猪与白鳍虽然并不像传说中那样，却也很有趣。江猪暂且不说，单说白鳍。

白鳍（鱀）豚，又称江马、白夹、白鱀或白旗。

白鳍豚属于稀有淡水豚类。在距今 1000 万年前的中新世和上新世时期，淡水豚种类很多，分布也很广泛。现在世界上残存的只有四种，其中白鳍豚是我国特有的奇异动物，为我国一级重点保护对象。

在遥远的古代，白鳍豚生活在陆地上，由于沧海桑田的变迁，才到水中生活。然而，它们至今保持着群居的习惯，三五成群地在水深流急、鱼类较多的地方活动，以鱼为食料。正常情况下，白鳍豚的寿命大约是 25 年，最高可达 30 多年。但它极少生育，一对白鳍豚每年只生一胎，每胎一只，偶尔也有两只。雌性白鳍豚具有异常的“母爱”习性。刚生出来的幼豚不会游泳，母豚就用背鳍或头部把幼豚托出水面。倘若幼豚不幸夭亡，母豚照样把它当活的托着，滑落下去了，再托起来，直到幼豚腐烂了，母豚才依依不舍地放弃它。

白鳍豚在淡水生物中，可算是庞然大物。发育成熟的白鳍豚，身长 2 ～ 2.5 米，重约 100 多千克，有的可达到 200 ～ 300 千克。它的体形像纺锤，中间粗，两头细。其吻部占体长的 1/6 ～ 1/7。尖长的吻部像把利剑伸于头的前方，是捕食的有力工具，可伸到烂泥中衔取食物。

白鳍豚的鼻子很奇特，外鼻孔仅一个，开口在头的顶部，长有关闭自如的瓣膜，防止水流入鼻道，保证肺呼吸的正常进行。它呼吸时头部先出水，有时还会喷起不太高的水柱。一般每隔 10 ～ 20 秒钟，白鳍豚就要浮出水面来呼吸一次，潜水时间至多 1 ～ 2 分钟。

白鳍豚虽然身长体重，却很灵活。它运动时，用它的很大的水平尾鳍不停地划水，就像船舶上的螺旋桨一样，借水的反作用力推动身体前进。再加

《白鳍豚的神通》

渔民都夸白鳍豚是可以预知风雨的“神鱼”，这是因为白鳍豚对气候变化特别敏感，在风雨来临之前总是频频露出水面，在水面上一起一伏的。

上它特殊的体形和皮肤结构，适于减少水的阻力，其快速游泳的本领是十分惊人的。

白鳍豚眼小，耳孔似针眼儿大，这些器官的衰退并不影响它的生活。因为它有着更为先进的装置。声波在水中传播遇到物体能产生反射，成为回声。白鳍豚具有依据回声判定物体位置的能力，从此探知水中的各种目标，获取食物、通讯联络、逃避敌害和寻找配偶。白鳍豚还能发出长、短两种类型的叫声，如将其录制下来进行回放时，它会游向声源，在其周围游动，久久不肯离去，可能误以为同伴在此吧！据测量，豚类听觉最灵敏的频率范围大都在超声范围。因为水中10千赫以下的噪音很高，所以超声回声定位尤为优越。白鳍豚能从喉部发出超声波，利用回声来识别目标，判断方位，控制自己的行动。它的声呐也比人造声呐更加精确有效，能够排除噪声的干扰，自动地调整发出的信号，并且可以朝着多方向发射。所以，白鳍豚游潜水中，捕捉鱼类，寻找同伴，都活动自如，毫不费力。

白鳍豚生活在水深10～20米处，那里的水流速缓慢，温度在16℃～27℃之间，它以小型鱼类为食。江中的浅滩、支流与干流交汇的河口处，是鱼类生长、繁殖、觅食的地方，聚集了较多的鱼类，因而这些地方也是白鳍豚觅食的场所。白鳍豚胆小易惊，多在江心漫游，仅在晨昏时，游到岸边浅水区。呼吸时常将头、背露出水面（此时最容易为人们发现），换气后，又潜入水中，如遇惊扰，则潜水逃匿，迅速异常。

▲ 白鳍豚

有人认为豚类的两个大脑半球有节奏地轮流睡眠。但豚类不断地发射声波，而在几秒钟内它的声波发射会暂时中止。如果把一昼夜声波发射中止的时间累加起来，可达7小时，大约等于哺乳动物每天正常的睡眠时间。科学家认为白鳍豚正是利用这种间断睡眠来适应江水奔腾中的激流生活。通过解剖得知，白鳍豚的大脑很发达。它的大脑面积很大而且分化完整、沟回复杂，聪明的程度不亚于猴子，有一定的记忆和思维能力。

白鳍豚这种最原始的豚类，不但在生物演化过程中有独自的适应分化方向，在研究动物进化中占有一定的地位。而且，研究白鳍豚体形、皮肤结构、声呐和潜水本领，对于改进和创新船舶结构、潜水设备和自动装置等工程技术系统都有重大的意义。目前，我国和世界上许多国家都已投入大量的人力、物力进行这项研究。

东北一宝——紫貂

晋武帝司马炎有个叔叔，叫司马伦，被封为赵王。可是，司马伦野心极大，并不满足。晋武帝死后，晋惠帝司马衷即了位。司马伦就和手下的亲信一起搞阴谋诡计，篡夺了皇位。司马伦上台以后，任人唯亲，胡乱封官，他的亲戚、朋友，甚至许多仆人、差役都跟着飞黄腾达，加官晋爵。真是“一人得道，鸡犬升天”！古代皇帝的侍从官员用貂尾装饰帽子，由于封官太多，以致貂尾不足，只好用狗尾代替，《晋书·赵王伦传》中记载：“奴卒厮役亦加以爵位，每朝会，貂蝉盈坐，时人为之谚曰：‘貂不足，狗尾续。’”后用“狗尾续貂”讽刺封官太滥。宋朝孙光宪撰《北梦琐言》卷一八：“乱离以来，启爵过滥，封王作辅，狗尾续貂。”也比喻拿不好的东西补接到好的东西后面，前后不相称。

我国历代将貂皮列为贡品。据《东观汉记》记载：汉代在大兴安岭南麓的以游牧为主的乌桓人，到中原朝拜皇帝时，即以貂皮为贡品。《清太宗实录》记载：“黑龙江地方虎尔哈部落托思科、恙图里、恰克莫、插球四头目来朝，贡貂狐猞狸等皮。”此后，朝廷更明文规定索取。康熙下令：鄂伦春、鄂温克、达斡尔等族身满5尺者，岁纳貂皮一张。辽朝时，黑龙江地区一次就向中央王朝交纳貂皮65000张。

上面提到的貂尾、貂皮，就是紫貂的尾巴和毛皮。紫貂为鼬科动物，又名黑貂、青门貂、赤貂、林貂，满语称“舍克”。紫貂身躯细长，体长平均45厘米左右，颇似家猫，头部若狼崽儿；眼大有神，耳略呈三角形，耳外缘下方双层，即附耳；尾毛蓬松呈帚状，为体长的1/3；四肢短健，足有5趾，趾端有爪，尖利弯曲，伸屈自如。全身被毛为棕褐色及灰色，基本一致，仅面、颈处色较浓。成年雄貂体重约

▲ 紫貂

894 克，成年雌貂约 774 克。它喜欢在针叶林中生活，能在高大树顶跳跃如飞。性孤独胆怯，昼伏夜出，采食鸟、鼠，或松子、榛子及浆果。产地山高林密，食物丰富。年产子 2～3 只，最多不超过 5 只。

紫貂毛绒细软轻柔，底绒浓密丰厚，色泽光润，于黑褐色绒毛中衬托稀疏均匀的白色针毛，以其制作高档裘皮服装，美观高雅。具有“见风愈暖，落雪则融，遇水不濡”的高度御寒保暖性能。轻巧灵便，一件女式貂皮大衣筒，重不过 250 克。

紫貂的猎捕远在汉魏时代就已开始。久居松花江一带的靺鞨族即用以制成衣帽御寒。明末清初，居于松花江与黑龙江交汇处的达斡尔族，以出产黑貂著称。

紫　貂

紫貂也叫“黑貂”、“林貂”。形似黄鼬。尾短而粗，但尾毛长而蓬松。鼻面部长，耳大，四肢短健。体色暗褐，头部较浅。爪甚尖利，适于爬树。栖息针叶林中。主食啮齿类和鸟类，也吃果实。分布于中国东北和新疆北部；俄罗斯西伯利亚和蒙古国、朝鲜半岛也有出产。毛皮极珍贵，为“关东三宝”之一。

紫貂主要分布在我国东北、俄罗斯西伯利亚和蒙古国。紫貂在吉林主要分布于长白山脉及其附近的蛟河、舒兰、抚松、靖宇、白山一带；黑龙江主要分布于穆棱、尚志、五常、黑河、宁安、林口、密山等县。

紫貂性极孤僻，素以凶顽薄情著称。除交配期间，它们从不合群，即使人工饲养的，平时也必须一笼一貂。交配期内雌雄才合笼，婚后即要分笼，否则“夫妻”反目，会造成伤害。据有关专家认为，秉性不合群及性成熟期晚等导致这一“亲族”人丁不旺，也就格外珍稀。

紫貂现已列为国家一级保护动物，禁止捕猎，所以现在已很少见到紫貂毛皮制的衣、帽、手套等。貂皮价格昂贵，在国际市场上素有“软黄金”之称。

黑龙江省科学院自然资源研究所和美国怀俄明州野生动物保护机构联合组成中国紫貂考察组，于 1991 年冬开始进行了历时 3 年的考察。专家们在大兴安岭地区首次运用无线电遥测技术进行了考察。中美专家联合呼吁，要进一步争取用有效办法保护东北境内生态环境，并开展人工饲养，使紫貂家族再度兴旺起来。

中国农业科学院吉林特产研究所从 1957 年起就开始了“紫貂的笼养繁殖”研究，几十年来，已取得了可喜的科技成果，为建立和发展我国紫貂饲养业奠定了基础。

动物的"助产士"

动物也有"助产士"。这里说的不是饲养场的接羔能手，也不是兽医院的医生，而是自然界动物自己的助产士。

有一次，在扎伊尔的一个训象站，一位军官看到一头怀孕的母象和另外两头象一起走进树丛。他悄悄地跟过去想看个究竟，只见那头怀孕母象站在另外两头象的中间，身体前后摆动，一连两个小时，旁边的两头象都伺候着它。最后，从它的身后露出了半只小象的身体，可是，还有半截身体怎么也不下来。这时，两位"助产士"中的一位看到母象已经筋疲力尽了，就伸出长长的鼻子，"抱住"小象的身体，把这个小生命拉了出来。

又有一次，在坦桑尼亚，有两个人驱车赶路，途中看到一头母象正在产子，周围有 4 头公象围成一圈，好像是在警卫。他们按了一下汽车的喇叭，这一下可坏事了，4 头公象中的一头气势汹汹地冲了过来。这两个人见势不妙，就跳下汽车找了个安全的地方躲了起来。只见那头公象冲到汽车车旁，用鼻子把汽车抬得很高，然后又"呼"的一声，把汽车摔坏在地上。又围着汽车转了一圈，用头顶顶汽车，确定汽车"死"了之后，才放心地回到它的"岗位"上。这时，一头小象已经生下来了。母象从地上站起，向前走去，小象跟在后边。再后边，就是那四位兼任"卫士"的"助产士"。

1960 年，肯尼亚国家自然保护区的一位工作人员亲眼看到一件十分有趣的事情。有四头犀牛从森林中走出来，走在中间的一头，身体笨重，步履艰难，显然是快要临产了。走在它旁边的一头犀牛正在用自己的头和身体"按摩"它的肚子。三天之后，小犀牛出世了。不言而喻，"助产士"们的工作成功了。

▲ 犀牛和犀牛鸟

有时候，"助产"是一群动物的集体行动。在南非的一个自然保护区，有 9 只长颈鹿围成一圈，圈中一只母长颈鹿正在生“孩子”。小长颈鹿生下来不到半小时就能走动。这时，它周围的叔叔阿姨、哥哥姐姐们都来亲吻它。可是，距离不远的地方，还有三只雄性长颈鹿站着不动。原来，有两只鬣狗虎视眈眈地等着，要是没有这三位父兄的保护，小宝贝一生下来，就会遇难。

即使是老鼠这样的小动物，也有自己的“助产士”，协助咬断脐带，舔净“婴儿”身上的血污，担任警戒等等。

海豚是一种生长在海里的哺乳动物，母海豚生下小海豚的时候，总有另一只稍为年长的母海豚把小海豚托出水面吸第一口空气。在小海豚长大以前，它总是伴随着它们母子一起游动，好像一名尽职尽责的护士。

动物的“助产士”对于动物的繁衍起着重要的作用。我们研究动物的“助产士”，不仅可以加深对动物的了解，而且可以为人工驯养和繁殖某些经济动物提供有用的借鉴。

苏联就曾试验海豚助产。据《苏联画报》1985 年第一期报道，不久前，世界各国的学者和记者在莫斯科“宇宙”旅馆里被一个奇特的场面惊呆了。一名出生仅两星期的婴儿在游泳池里漂游和吃东西，连睡觉也不出水，只是偶尔浮出水面呼吸空气。这个“两栖”婴儿就是前来苏联旅游的一个美国人的儿子萨沙·克拉姆莱特。他由 4 个月的苏联婴儿科里亚保护。当萨沙呛水哭闹时，科里亚便安慰他。

这两个孩子都是按苏联研究人员伊戈尔·恰尔科夫斯基制定的特殊方法在水里出生的。

恰尔科夫斯基认为：“在水里生孩子更容易些，无须费很大的力气去克服重力，孩子出生时避免了应激反应，他的心理也无须经受环境的剧烈变化，因为他在母体内即处于液体中。”

在水里出生并较早学会游水的孩子长得非常健壮，发病率低 2/3，而且在智力和身体发育方面也大大超过同龄者。

恰尔科夫斯基还让家禽和家畜学会在水中躲避危险和觅食、游水、潜水，甚至睡觉。经过几代的试验，他培育出会游水的家兔和猫，甚至还包括能在水里下蛋和育雏的母鸡。它们比陆上的同类强壮和灵敏得多，它们的寿命也长 1 ～ 2 倍。

学者们对此进行了认真思考：古代哺乳动物数百万年前生活在陆地上，后来又回到大洋，变成现在的“海洋智能生物”海豚，也许两栖生活方式对它们更有益？

以恰尔科夫斯基为首的小组在黑海对海豚进行了有趣的试验。海豚会主动游到人面前，用人们尚不明白的方式来安抚害怕在大海里游水的孩子和他们的母亲。几位妇女在海豚的帮助下，毫无恐惧和痛苦地在水中进行了分娩。最初，刚出生的婴儿在水下，然后妈妈把他托出水面第一次呼吸空气。海豚把对海洋的喜爱传给了这些婴儿和母亲。

骆驼耐渴的奥秘

人们习惯把骆驼称为“沙漠之舟”，意思是沙海中的运载工具。其实，以其功能而论，它可是家畜中的全能冠军呢！

骆驼原为野生，4000多年前开始驯化成家畜。那时，骆驼不仅用于农田耕作，生活使役，而且还是重要的军事运输工具。闻名于世的“丝绸之路”就是一队队骆驼驮着商人开辟的。“丝绸之路”打开了中西方交往的通道，骆驼功不可没。在人类文明进步的今天，习性和用途基本相同的单峰驼和双峰驼仍不失其作用。

骆驼能巧妙地适应艰难的沙漠环境，最重要的一点是它能耐渴。在缺水情况下，可以行走45天，它的耐渴能力是人的10倍，是驴的3倍。不久前，有人作了一个实验，他们把两只骆驼放在7月酷暑的沙漠中，结果这两只骆驼在滴水不进的条件下生活了16天，而在同样条件下的人连两个小时都坚持不了。

骆驼为什么有这么大的耐渴本领呢？据研究，骆驼耐渴的根本原因是它有一个特殊的鼻腔。骆驼鼻腔黏膜面积有1000平方厘米，比人大800多倍。骆驼鼻腔黏膜能像水泉一样，当极为干燥的沙漠空气吸入鼻腔，经过黏膜时，黏膜就会渗出水分，湿润空气；而当空气从肺中呼出，再度经过黏膜时，黏膜却把68%的水分回收下来。

当然，这只是骆驼耐渴的一个原因。骆驼耐渴的因素还很多，如骆驼的贮水库比较大，它在腹中有30个小囊是专门装水的，骆驼一次能喝下100千克水，不论是溪水、咸水、清水、浑水，或者是冰雪水，它都能喝。另外，成年骆驼驼峰中贮存的40千克脂肪，通过氧化分解也可变成水。据计算，每100克脂肪在氧化过程中可产生107克水，贮满脂肪的两座驼峰，在不断氧化过程中就能产生40多升水。

骆驼不仅靠特殊肌体大量贮水，还懂得开源节流，不肯浪费身上贮存的任何的一滴水。考察表明，骆驼不论得到多少水，都能尽量加以利用。大多数动物如果小便不多，不能把尿素废料排出体外，便会中毒。而骆驼却可经由肝脏把大部分尿素循环回来，制造出新的蛋白质。人们还发现骆驼很少出汗，即使体温由34℃升高到40℃也毫不在意。再加上骆驼身上长的又密又厚的绒毛，不但能抗寒防晒，更重要的是能防止水分经皮肤散发出来。有人做过实验，如果把骆驼身上的毛都剪掉，它的耐渴本领就会显著降低。

关于骆驼适应沙漠环境，不久前，又有了新的解释。

科学家认为，骆驼血液中有一种特殊的蛋白质，这种蛋白质对水有很大的亲和力。因酷热而散失水分占体重的20%时，人的血液因失水而变得黏稠，无法通过毛细血管，就会昏迷致死；但骆驼在同样的情况下，即使脱水达到体重的27%时，血液里的水分仍然接近正常。

看来，骆驼与其他沙漠动物一样，对脱水有着较强的耐受性，这也是骆驼如此耐渴的一个原因吧。

骆驼的消化功能极佳，食不厌粗，连沙漠里发湿发硬的枯枝杂草都能大口吞食，并且能很快消化，变作脂肪贮存起来，以备不时之需。驼峰隆起时，最多能储存五十多千克脂肪，每当饥饿难忍之际，它的肌体便用这些脂肪来调整营养，以维持生命。

骆驼之所以受到沙漠牧人的喜爱，除了负重致远——能够背负200～300千克的重物长途远涉以外，它还可以保护主人，在风雨严寒中依偎在主人身旁，供其取暖和避风用。另外，骆驼还能预测风雨，寻找水源。远近的牧人，常以骆驼为前导，跟踪寻觅水草丰盛之所。

骆驼腿长步大，极有耐力。它可负重连续行走3～4个昼夜，时速不低于7.5千米。在国防现代化的今天，骆驼不仅没有失去原来的军事意义，而且成了边防战士的亲密战友。

▲ 骆驼

骆驼的毛绒质量高，产量多，奶汁甘美，肉用实惠。据载，每只成年骆驼可年产驼毛10千克左右，每只母骆驼可日产奶10多千克。

骆驼虽是身高2米、身长3米以上的庞然大物，但却温善驯良。在人们骑乘或者驮载货物之前，它都能毫无怨言地按主人的意志跪伏下来，准备负重。它们在前进中昂首阔步，目不斜视，一往直前。不过，骆驼倘若被人欺负，是富有报复性的，这一点却鲜为人知。

不久前，在沙特阿拉伯沙漠中发生了一件事，就使骆驼的主人们大为震惊。

一天，一位商人因为在做买卖中赔了钱，心情很郁闷，独自在酒店里喝了闷酒，回来后无缘无故地抓住了一头骆驼，狠狠地将它鞭打了一顿，打完，便扬长而去了。

几个月过去了，主人早已将此事忘得一干二净。一天夜里，那头曾经无故遭毒打的骆驼默默地、轻轻地来到主人的帐篷外，它静静地站了一会儿，突然猛地一下子冲进去，将主人的床踢踏得乱七八糟，还把帐篷里的餐具踩得粉碎。然后，它得意扬扬地迈着轻盈的脚步走回自己的草棚。

羊其实很聪明

据动物学上所说，羊本野生，嗣后豢养于人，何时由野生变为家养，现在难以考究。但远在三千三百多年前的商朝，在占卜用的甲骨上就刻有“用羊十牛二”的文字，这意思是指在占卜吉凶的祭奠中，用十头羊与两头牛做供品。

我国人民自古喜欢羊。孔夫子在《论语》中说，“牛羊之字，以形似也”。这个象形的“羊”字，经常被使用于含有美好意义的文字中，如善良的“善”，美丽的“美”，吉祥的“祥”字等，都是由“羊”加其他部分组成的。最有趣的是营养的“养”，把上下两部分（繁体字“養”）拆开来看，就是“羊”与“食”。大概古人那时就认为，吃羊肉可以获得最好的营养吧。

传说周代时候，南海有五位仙人，骑着5只羊，飞临一片膏腴之地，留下了一串串谷穗，祝福这里富裕和平，然后腾空而去。人们怀念幸福的天使，就在留下谷穗的地方塑造了5只羊，这就是广州城的城徽，“五羊城”也由此得名。这个传说反映了古代人民对幸福安定生活的憧憬。

民歌《敕勒歌》中有“天苍苍，野茫茫，风吹草低见牛羊”的佳句。宋朝诗人张来《感春》一诗中，“年丰妇子乐，日出牛羊欢”，读后更使人有羊壮人欢之感。

羊，历代受到人们的重视，在畜牧业中占重要地位。白绒绒的羊毛、柔软的羊皮革、香美的羊肉、营养丰富的羊奶，羊角、羊胆还可以入药……总而言之，羊从外到里，全身是宝。

据英国《卫报》报道，英格兰南部温切斯特的公交公司在一辆公交车上安装一个槽，这个槽向汽车尾气喷洒羊尿，以减少氧化亚氮的排放。

公司总经理安德鲁·戴尔说，这个激进的计划不是胡思乱想。

他说：“这是减少污染的一个新奇的方法，我们觉得这种方法会奏效。”

“不需要担心什么，我们不会要求乘客留下尿样，而且我们也不会常带一只羊在汽车后面。”

取自农场的尿被加工成尿素。尿素中的氨将氧化亚氮转化为氮气和水。

这个公交公司一辆装上尿槽的公交车已经开始为旅客服务，行驶在温切斯特的街头。

羊吃食的诀窍

羊是反刍类动物，吃完食物1～2小时后，这些食物又会从胃里返回到口腔，再次进行咀嚼，混合唾液后再吞咽下去，这有利于食物的消化。

戴尔说，他没有什么可局促不安的。

他说："我在伯明翰的一个会议上说，羊尿可以成为清洁交通工具的一个关键因素。当时有人笑话我，可是现在这已经成为现实。"

他说："这是最新的环保技术，我们认为它将有助于使我们的城市成为一个更美好的地方。"

英国《独立权》发表署名文章说：羊，其实很聪明。

新的研究表明，它们得病后会自我治疗。它们还能辨认和记住人的面孔；区分高兴和抑郁的表情；辨别不同羊的叫声。科学家发现，羊能正确地对自己的肠胃毛病进行治疗。给羊喂一些使它们感觉不舒服的饲料，它能够选择吃那些适合治便秘和胃灼热的东西。

研究人员说，早在有文字记载的历史以前，人们就相信动物能自我治疗，但是此前人们一直不清楚羊生病时能否认出可以治病的东西。在最新的研究中，科学家给羊羔一些使它们感觉不适的饲料，然后给它们各种可以缓解症状的东西。它们能正确地认出并吃下那些能治病的东西。来自犹他州立大学的研究人员说："这是第一次表明动物在药物上的偏爱。"

由于克隆羊多莉和《酷狗宝贝》中那只被称为肖恩的羊，人们对羊的关注增加了，然而羊仍然普遍被看做是愚蠢的动物。据牛津大学物理学教授、神经学家基思·肯德里克说，情况并非如此。他说："我们现在有足够的证据证明羊并不笨。实际上它们相当精明，陷于某种境地会设法脱身，看上去就像什么事都没发生一样。"肯德里克教授和他的团队一直在研究羊对面孔和表情的辨认，不久将发表他们的研究结果。

他说："这是研究羊如何对面孔和表情进行处理。我们发现羊能识别人的面孔和表情，以及羊面部表情的变化。它们还能记住面部的图像，至少可以识别50种不同的面孔，记住一两年或者更长的时间。它们在自己的社交环境中相当老练。它们知道与愤怒的面孔相比，高兴的面孔是什么样的。"

▲ 羊

法国行为生态集团的研究人员也发现雌羊能辨别它们每只羔羊的声音，说明在人听来都是一样的"咩咩"声可能是各不相同的。他们说，"我们的研究结果表明，雌羊和它们的羔羊仅靠叫声就能互相辨认出来。"

骡子能下崽儿的秘密

在畜类中也有“混血儿”，骡子就是其中之一。

明代的李时珍在《本草纲目》中曾经解释说，骡有五类：牡驴交马；牡马交驴；牡驴交牛；牡牛交驴；牡牛交马。这五种杂交牲畜，明代统称为骡。时至今日，可能由于适者生存的规律，只剩下驴骡（母驴与公马的后代）与马骡（母马与公驴的后代）两种。

一般说来，骡子是没有生育能力的，可是母骡有子宫等全套生殖系统，少数的还有不规律的间隔期发情。那么它们为什么不能生育呢？当前学术界的普遍看法是由于染色体的不匹配所造成的。

每个物种都有其特定的染色体成分及数目，除了决定性别的染色体以外，其他类的染色体都有两套，所以每个细胞中都有两套染色体，其中一套来自于父本，另一套来自于母本。比如，马的染色体为 64 条，驴的染色体为 62 条。在形成性细胞时，要进行减数分裂，即染色体数量减半，每个性染色体每种细胞只得到一套染色体。骡子是马和驴的杂种后代，它从马与驴那遗传下来一套染色体，因此它的染色体为 63 条。这是一种混合物，所有的染色体都不能配对，于是在形成性细胞时，染色体的运动就会杂乱无章，导致性细胞没有生存能力。

以前偶然有过母骡生下后代的报道，其中最著名的要数在 20 世纪 20 年代时，一匹生活于美国的名叫“老白克”的母马骡了。据说，它曾生下了几个后代，而且其后代也有生殖能力。只可惜当时还没有足够的科学手段来验证，只是凭外形判断，但外形是非常不可靠的。

在我国，西北少数民族最早饲养了骡子，中原极少见。所以，直到汉初，骡子的身价还可以与珊瑚之类的珍品相媲美。到了南北朝之后，内地的劳动人民才逐渐掌握饲养、繁殖骡子的方法和技术，并让它在农业生产和运输中贡献力量。

骡子看上去似驴非驴，似马非马，比驴、马都高大，耕轭能力也胜过它们。驴骡生后一般长到不足 10 个月就和它的妈妈能力相当。其后便逐渐超过它的妈妈。驴在 4 ～ 6 岁时，才达到其成年体格的 95%，而

最大的骡子

美国芝加哥的赫伯特·L.米勒拥有两匹世界上最大的骡子。这两匹骡子，一匹叫“阿波罗”，另一匹叫“阿纳卡”。阿波罗身高 1.98 米，体重 998 千克。阿纳卡身高 1.89 米，体重 952.5 千克。两者合计体重为 1950.5 千克。这两匹骡子同为巴尔干母马和猛犸公驴杂交的后代。

驴骡一周岁时即达成年体格的 90%。一般骡子一周岁半开始干轻活，两岁即可完全投入耕挽服役。

▲ 骡子驮运货物

骡子是民间喜欢饲养的一种家畜，力气大，能干活，一头体壮的中型骡，拉木轮大车，能挽重 500 千克，日行 30 ～ 40 千米；如套胶轮大车，行于公路之上，挽重 1500 千克不成问题。这是“杂交优势”所给予它的长处。

骡子唯一的缺点是基本不能繁殖后代。它们多半没有生育能力，只有极个别的母骡与马或驴交配后能生育。

既然远缘杂交得到的骡在一般情况下是不育的，为什么还有骡子下崽儿呢？

在任何生物体内，都存在着遗传物质——染色体。在不同种的生物中，染色体的数目、形态、大小都不同。在体细胞内染色体是成双存在的，每一条染色体都有一条和它的形态、大小、功能相同的另一条染色体，其中一条来自母体，一条来自父体。这两条染色体称为同源染色体。在形成精子或卵子之前，同源染色体进行配对，然后两条同源染色体分别到两个配子（精子或卵）里去，其中哪一条染色体到哪个配子里去是完全随机的，再通过精卵结合成为受精卵，由受精卵发育成为新个体。这样发育成的新个体，它的染色体数目和它们的亲体是一样的。

如果是远缘杂交，由于种间差异，染色体的数目、形态大小往往不相同。马的染色体数是 64 条，驴的染色体数量是 62 条，马的卵子染色体数是 32 条，驴的精子染色体数是 31 条，通过精卵结合发育成的新个体——骡子的染色体数是 63 条。骡子性成熟以后，再形成精子或卵子时，每条染色体都没有相对应的同源染色体进行配对，这样每一条染色体分到哪个配子里是随机的，就可能有马的一条染色体和驴的 30 条染色体形成一个配子；另一个是一头驴的染色体和马的 31 条染色体形成一个配子；再由马的 2 条染色体和驴的 29 条染色体形成一个配子，另一个是马的 30 条染色体和驴的 28 条染色体形成一个配子……依此类推，这样就可以产生 2^{32}（接近 429500 万）个不同类型的配子。在这些配子中，只有配子里的染色体完全来自于马的，或来自于驴的，这样的配子才有生育能力。当骡与马或驴回交时，就有 $(\frac{1}{2})^{32}$ 的几率能生出马，有 $(\frac{1}{2})^{31}$ 的几率生出驴，但不能再生出骡子来。

从皇宫深宅来到民间农舍的驴

毛驴，原产于亚洲山地及气候炎热的沙漠地区。在我国，最早饲养毛驴的，是西北边疆一带的少数民族。到汉朝初期，才有少量毛驴流入内地，成为帝王将相、达官贵人和商贾们消遣娱乐的玩物。

后来，毛驴渐渐增多，便走出皇宫深宅，来到民间农舍，给劳动人民拉犁挽车。这可令达官贵人蒙羞，于是反对再将驴作为娱乐的玩物，说“驴者服重征远，上下山谷，野人之所用耳，何有帝王君子而骖驾之乎？”驴的社会地位，于是一落千丈。怒人骂街，也常捎上个“驴”字，什么“死驴”、“臭驴”、“蠢驴”，不一而足。

不过，在历史上，毛驴与文化艺术，特别是与诗歌有着极为密切的关系。据史料记载，唐宋诗人外出旅行，几乎都骑毛驴，许多精彩的诗篇，都是在驴背上吟就的。《唐诗记事》上说，有人问诗人郑肇有什么新作，郑肇深有感触地说：“诗思在灞桥风雪中驴子上。此处何处得之？”

唐朝贾岛的名句“鸟宿池边树，僧敲月下门”，就是在驴背上酝酿成的。李贺几乎每天都骑着毛驴出门转悠，想出好的诗句，便立刻记下来装进挎包里。善于写景的孟浩然也曾胯下骑驴，他在一首诗中说自己“骑驴十三载，旅食京华春”。而流传最广的是李白骑驴的佳话。那是李白从长安辞官归野之后，有一次他骑驴去华山游览，经过华阴县衙门口时，由于没按规定下驴步行，县令听到禀报后大发雷霆，让手下人把李白抓进大堂，气急败坏地嚷道：“你是何人，胆敢如此无礼！”李白很幽默，没有直接回答，只是在纸上写下几句话：“曾令龙巾拭吐，御手调羹，贵妃捧砚，力士脱靴。天子门前，尚容走马；华阴县里，不得骑驴？”县令一看，恍然大悟，原来是李白，慌忙磕头道歉。

更有趣的是，那时候，出门骑驴似乎已经成了诗人的标志，所以宋代爱国诗人陆游在《剑门道中遇微雨》一诗中，曾经很诙谐地问自己：“此身合是诗人来？细雨骑驴入剑门。”意思是说：我也是个诗人吗？不然，怎么也骑上毛驴了呢！

在印度古典诗歌《列格维迪》中，诗人更把驴比作在天上奋勇杀敌的战士。驴子勇士在同邪恶势力搏斗时，以其如雷霆般的吼声使敌人胆战心惊，失去抵

驴的所求很少

驴给人的东西这样多，但求于人的东西却很少，只要喂以草料麦麸，它就非常满足。驴不仅能吃粗食，而且食量较小。它的食量一般比马少 30%～40%，比牛少 60%～70%，消化能力很强，消化率达到 70%。

▲ 驴

抗力，于是驴乘势把它们踢入地狱。

不过，在人们的心目中，毛驴的形象也并非完全是美好的。

我国唐代杰出的文学家柳宗元写过《河东先生集·三戒·黔之驴》。后来人们就用“黔驴技穷”比喻有限的一点儿本领已经使完了。

在许多国家的现代语言中，驴甚至成为傻瓜、懒汉、固执的人的同义词。比如，英国流行着这么一句话：“驴子摇耳朵，傻瓜装聪明。”

犹太人则认为驴是“不洁之物”，所以他们从来不吃驴肉。不仅如此，因为兔子跟驴都有一对长耳朵，所以犹太教徒对兔子肉也从不食用。

20世纪初，俄国画家伊·比利宾在《茹佩尔》杂志上发表了一幅讽刺画，画的是暴君沙皇尼古拉二世，他的脑袋酷似驴头，影射沙皇的愚蠢顽固，还自以为不可一世。驴再一次充当了替罪羊。

其实，笨啊，蠢啊，固执啊，懒啊，与驴是毫不相干的，是冤枉了它。驴的四肢刚健，韧带发达，平衡能力和耐力比较强，因而善于爬山越岭，行走羊肠小道；驴还擅长驮乘，负重可超过它的体重，这是其他牲畜望尘莫及的。它能輓辕驾车，一辆驴车通常可拉运400～500千克，人们戏称“驴吉普”。如果让它拉磨轧碾，只要用布蒙住它的眼睛，它就会自个儿不停地运转，无须后面跟着人棍打鞭抽，自觉性着实可嘉。驴与马交配生下来的骡子，体大力强，更是拉犁驾辕的能手。

早已驯养的猫

据法新社报道，从塞浦路斯发现的一具远古猫骸骨来看，人类早在9500年前就驯服猫当宠物，比人们原先所认为的提前了5000多年。

猫是一种非常普遍的家庭驯养动物，人类和它相伴已有几千年的历史了。

倘若你仔细地观察过猫，就会发现，小猫在休息的时候，常用舌头舔自己身上的毛。有人认为它是在洗脸洗澡呢，其实不是。它是在舔食一种营养物质。因为猫的皮毛里有一种东西，被太阳一晒，就变成了维生素D。小猫在身上舔，就是在吃维生素D。小猫若是缺少了维生素D，则会得软骨病，整天无精打采的。

最大的猫

有记录的最重的驯化猫是一只名叫“希米”的阉过的雄性斑猫。1986年3月12日这只猫死于呼吸衰竭，死时10岁又4个月。死的时候体重为21.4千克（脖围38.1厘米、腰围83.82厘米、身长96.52厘米）。这只猫的主人是澳大利亚昆士兰的托马斯·维斯。

猫能很轻松地从高处跳下来，而不受伤。原来，猫从高处跳下来的时候，眼睛能很快地看清地面平不平，把看到的情况通过神经告诉它的大脑。这个时候，猫的四只脚也做好了落地的准备。猫的那条大尾巴，赶忙帮助身体保持平衡，使猫在落地的时候，四只脚着地。猫的脚底还有又厚又有弹性的肉垫，在猫落地的时候能为之减轻震动。所以，猫从高处摔下来不会摔伤。

猫帮助人类灭鼠也有几千年的历史了。这期间，人类曾尝试让它做更多的事情，于是有些趣话应运而生。

在埃及，人们把猫奉若神灵。公元前525年，波斯人大举入侵埃及，在攻打有重兵镇守的佩鲁斯城时，就利用埃及人的崇猫习俗，把这一只只小精灵放出，守城的埃及士兵见状，只顾保护“神猫”而顾不上投枪放箭。刹那间，波斯兵蜂拥而上，轻而易举地攻克了这座坚城。

1879年，比利时曾试验用猫传递邮件。当年37只花猫被送到距列日市30千米的几个地方，让它们带上信件出发。一昼夜之内，所有的猫都回到了列日市，虽然有10只猫莫名其妙地丢了信件，但还是受到了热烈欢迎和嘉奖。

第二次世界大战期间，驻守在太平洋所罗门群岛的美军养有一只小花猫，每逢日本飞机到来之前，它就用尾巴使劲地敲打地面，还发出“咪——咪”的报警声。小花猫发出的空袭警报比岛上的电子报警器还要早，使美军及时避过了日军的空袭而保存了实力。后来，这只通人性的小花猫死于空难，所罗门群岛驻军将它和死难者一道葬入无名公墓，并为之默哀半分钟。

1958 年，美国路易斯·苔思太太寡居后，讨厌和男性再度结合，决意与猫为伍。她精心驯养了 3 只猫，可以为她开门，可以陪她嬉闹。当苔思太太哼着南方小调自我消遣时，3 只猫也会心地发出“咪、咪、咪”的鸣叫。这种人猫合唱增加了孤寡老人的生活情趣，此时，她成为最快乐的人。

猫狗同人类和睦相处，狗防贼，猫捕鼠，各司其职。然而猫狗在一起，不是斯打就是吼叫。这是为什么呢？

科学家们将各种动物觅食、求偶、情斗、育子时的叫声用录音机记录下来，带回实验室，借助示波器、滤波器、分光仪、拟声仪等专门仪器将声波转变成电波，然后根据显示的波形比较分析动物声音信号的强弱、频率结构、章节的数目、延缓的时间。原来，动物在每个生活环节，其中包括在保卫领地、表示爱慕、教育子女、请求帮助、实施威胁等活动中都有专门的语言、信号。不仅如此，动物语言还有固定的“单词”和“词组”；如池蛙的叫声中含有单词 6 个、鸡 25 个、莺 25 个、山鼠 19 个、猫 21 个，动物界中的海豚最“健谈”，它们交谈使用的单词有 138 个。动物的单词与单词之间也有严格的组合顺序。也就是说，动物语言也有“语法”，组合的顺序不同，意思表示也就不一样。

有趣的是，动物除了通过声音传递信息外，还能通过种种动作表达不同的意思，它们和人类一样，也有各自的“肢体语言”。

动物通过各种语言保持它们之间的联系，有些动物还有“方言”和“土语”。猫和狗之所以不和，问题就出在语言的差别上。比如，狗伸出一只前爪并使劲地摇尾巴，它的含义是“给我一点吃的吧”或“跟我一起玩吧”。可是在猫的语言里，这两个动作的含义是“滚开，要不我用爪子抓你”。又比如猫发出舒适的“呼噜”声，它的意思是“跟我一起走走吧！”可是对狗来说，这是一种威胁性的狺狺声，意思是“别来惹我，要不我咬你！”猫和狗并非天生的夙敌，它们长期相处在一起，都有着友好相处的良好愿望，但由于语言互译过程中不断加深的误会，久而久之，便形成了一种相互仇视的心理。

▲ 猫

人类最忠实的朋友——狗

据考证，在五六万年前的穴居时代，人们除了使用石头、树枝外，只是赤手空拳。因此所能猎获到的仅仅是一些性情温顺的动物，比如兔、鹿、羊等，偶然碰到一些豺狼时，往往直捣其巢，于是那些幼子也就成了俘虏，被人们带回来。久而久之，其中一些小豺狼渐渐与人们厮混熟了，再加上它们夜间听到别的来犯野兽，还会叫醒人们，白天又能协助打猎，人们当然舍不得再杀它们，多少年后，祖先为豺狼的狗终于成为人类最早驯化的家畜之一。

早在15000年前，狗就开始跟人结伴了。狗以其忠诚、机敏和勇敢而受到人们的宠爱。狗的品种多达125种以上。它原属食肉性动物，经过长期驯养，才变为杂食性动物。同时，对它的使用也渐趋专业化，分作猎犬、军犬、警犬、役犬、玩赏犬等类。其中玩赏犬类的狮子狗，是目前数量最多的一种。德国的牧羊犬和道薄门大狸犬是狗中的佼佼者，现在的军犬、警犬，多是选用它们驯成的。

狗的嗅觉、听觉特别灵敏。使用最新科学方法测定，狗的嗅觉灵敏度比人高100万倍，能辨别200多种不同气味。这一奇特功能，不但使狗能够领路、搜捕，还能检查煤气管道、探矿。如今，通过训练，它还能充任海关“检查员”，能从一大堆邮件中正确无误地检出毒品、炸药和其他违禁物品，甚至能充当探索地雷的“工兵”。

狗善于奔跑，最高时速是72千米，英国猎兔狗短程时速可达100千米。狗的跳远距离最远10米，最佳跳跃高度是5米。力气最大的狗能拉着100多千克重的货物，以5千米的时速走100多千米。善于游泳的纽芬兰犬，是海上落水者的义务救护员；身高力大的圣伯纳狗是阿尔卑斯山上迷路者的带路人；身强力壮、勇武无敌的獒犬，为了营救主人，常常作出自我牺牲。古今中外广为流传的“义犬救主”、“义犬殉职”的故事，确非无稽的夸张。

随着现代科学技术的飞速发展，对狗的利用又赋予新的使命。

法国巴黎出现了驯狗取送报刊的趣事。试验认为，训练有素的狗，每天可以准时派它到报亭取报刊。不过狗经过的路上不能有肉铺，否则会使它垂涎三尺，以致弄脏报刊。

15世纪，法国国王路易十一世就建立了一支军

从不迷路

狗在外出时总是走一段路就停下来，在路旁明显的物体上撒一点尿，闻闻气味再走。而狗的嗅觉比人类要灵敏100万倍，因此在回家的时候，狗闻到尿的气味，就不会迷路了。

犬部队作为他的内卫。第二次世界大战时，前苏联将500条狗组成4个军犬连，作为反坦克的“敢死队”。美军侵越战争期间，美越双方都使用了军犬，进行侦察、干扰等活动。近年来，美国还训练了一支狗组成的跳伞部队，用做空降敌后搞破坏，因为在近距离搏击中，狗奋勇扑敌，常迫使手持武器的士兵失去战斗力。

前苏联生理学家巴甫洛夫说：“需要狗，如同需要重要的生理仪器一样。”他终身与狗为伴，在狗身上进行消化生理实验，取得了巨大成就，1904年获诺贝尔生理学和医学奖。1935年，根据巴甫洛夫的建议，在当时的列宁格勒的实验医学研究所里修建了一座“无名狗纪念碑”。现在，国外繁育出一种袖珍狗，小得出奇，成年狗仅1～1.5千克，有的只有250克。这种狗不仅可供玩赏，而且是医学生物学实验的最合适对象，因为喂养饲料少，占用场地小，实验捕捉方便，用药量也少，尤其适合作为显微外科和器官移植的实验动物。

狗还是实施战地救护的干将，它能将分散、隐蔽的伤员搜集起来，并能从尸体堆中检出尚存一息的危重伤员。狗还能扒出埋在雪地里的冻僵者，巴黎有只狗在雪崩中连续救过40多人，为此人们给它立了座纪念碑。现在，法国又专门训练潜水狗，执行营救落水人员的任务。他们选用中亚地区的圣伯纳大狗，这种狗善游泳，长有浓毛不畏严寒，能克服狂风巨浪，可在负重下连续游25千米，敏捷地救出落水人员。

北极犬很耐寒，在－50℃的雪地上照样酣睡，能拉雪橇，能拖曳重物达一百多千克。爱斯基摩人常乘狗拉雪橇捕鱼和猎熊，暴风雪中迷了路靠狗认路回家。

日本的牛犬性情义勇、凶猛，三四条牛犬可击败一只狮子或老虎。当主人受到袭击时，它常常牺牲自己来救主人。

▲ 狗

欧美一些盲人上下班或外出访友、购物，全靠狗领路，这种狗能识别红绿灯。美国人道学会训练的狗专供聋人使用；门铃一响，它们就触动主人的手臂，告诉他们门口有人；婴儿啼哭时，它们就轻轻推动主妇去哄孩子。

不仅如此，狗还是世界上最早进行空间试验的动物。1957年11月3日，苏联发射的第二颗人造地球卫星，第一次把狗送上太空。狗为人类走向太空再立新功。

从狗鼻子说到电子警犬

有人做过试验，狗能嗅出 100 多万种物质的不同浓度的气味，即使浓度在百万分之一以下的某些气体，它也能嗅得出来。而人最多只能识别出上千种的物质和不同浓度的气味。嗅觉测验结果表明，狗的嗅觉比人要灵敏 100 万倍。

正因为狗的嗅觉特别灵敏，20 世纪 60 年代初，瑞典等国家的地质学家们开始训练狗，用它帮助地质勘探队员们找矿。经过几年的试验，取得了良好的效果，找到了埋在地下几米深的黄铁矿、汞矿和黄铜矿。狗又有了新的用途——探矿，人们把这种狗叫做“探矿犬”。

这样，除了看家的家犬、侦缉的警犬、探地雷的探雷犬外，又多了个探矿犬。狗对人类的帮助实在是太多了。

这使我们想到了有记录的最杰出的缉毒犬：一对名叫“洛基”和“巴考”的玛伦牧羊犬（1984 年出生）。这两只狗是沿南得克萨斯边境巡逻的一支美国边境搜查队的成员。仅在 1988 年一年内，它们参与破获毒品走私案 969 起，毒品价值达 18200 万美元。由于它们工作的成效极高，墨西哥毒品走私犯出资 3 万美元悬赏它俩的头。后来，“洛基”和“巴考”双双被授予军士长的荣誉军衔。

有记录的唯一一只查毒百发百中的狗是美国军队的一只名叫“将军”的德国牧羊犬。自 1974 年 4 月到 1976 年 3 月，这只狗和它的管理员——第 591 武装警察连的迈克尔 · K. 哈里斯出动了 220 次，发现了 330 处藏毒品的地方，因而逮捕了 220 人。

嗅觉最灵的狗

1925 年，一只名叫“苏尔”的多伯曼品舍狗在南非追踪一个股票盗贼，仅靠闻气味它穿越格雷特卡罗追踪了 160 千米。这只狗是由赫尔伯特 · 克鲁格探长训练的。

那么，狗鼻子为什么这么灵敏呢？这首先得从嗅觉说起。关于嗅觉的原理，目前科学上尚未完全弄清楚，仍然是生物学领域里的一个亟待解决的难题，它吸引着成千上万的科学工作者正在顽强攻坚。迄今为止，光嗅觉假说就提出了 30 多种，如嗅觉的振动说、嗅觉的化学说、嗅觉的吸附说，等等。一般认为，嗅觉产生的过程有三个步骤：一是有气味的分子遇到鼻子的神经末梢，产生一个电脉冲信号；二是这个电脉冲信号通过神经传到脑里；三是脑子对电脉冲信号进行分解，产生嗅觉。经组织学研究证实，人鼻子的嗅觉细胞只有 500 万个，而狗鼻子却有两亿多个嗅觉细胞，因而狗的嗅觉特别灵。

近些年来，由于仿生学的出现和发展，狗的这种惊人的嗅觉能力引起了科学家，特别是研究自动分析仪器的科学工作者们的广泛注意。人们希望能模拟狗鼻子，研制出气味电子接收机，使电动分析仪器更灵敏、快速和小型化。科学家研制成功的嗅敏检漏仪就是其中之一。这种仪器是根据半导体和有气味的分子相互作用的原理制成的半导体探头，用的是氧化锡和氯化钯。遇到某些气体，其电阻就发生变化，通过电子线路便显示出来。它能“嗅”出丙酮、煤气、氯仿等四十多种气体，比狗的嗅觉更精确、更灵敏。

▲ 警犬

前些时候，国外一家电脑公司根据狗鼻子的原理，研制出一种气味测定仪——“电子警犬”。这条“电子警犬”装有微型电脑，能储存各种气味信息，其灵敏度比狗鼻子还高得多，具有多种用途。例如，在军事上用于预测人是否使用化学毒剂；在气象学和环境保护方面，用于监测大气变化和空气污染程度；在现代侦探学中，用于勘察发案现场的气味，追踪捕获罪犯；在医学上，用来分析患者的各种排泄物的气味，帮助诊断疾病。在生活上用途更为广泛，将“电子警犬”安置在汽车司机的驾驶室内，当司机酒醉时，呼出的气体含乙醇分子浓度过高，此时“电子警犬”便锁闭电门开关，使酒醉的司机不能开动汽车，避免发生车祸。“电子警犬”还可以用来看守家门。它能发射肉眼看不见的红外线，不论什么人一进入光控范围，“电子警犬”便立即爆发出令人丧胆的声响。“电子警犬”防盗防抢的另外一大本事是声控系统。无论多么高明的强盗和窃贼一旦进入现场，只要动手脚，只要发出细微的声响，在有隐线相通的、远在250米之外的值班室，就可以听得一清二楚，使窃贼难以得逞。

目前，气味测定仪的种类很多，用途也越来越广泛。它们不仅用于测量大气污染、检验化学药品、预告食物腐败、地球化学探矿、测量煤矿瓦斯，而且还可以用来分析潜水艇、高空飞机和航天飞机里的气体。

狗趣

据不完全统计，全世界大约有 120 多种狗。狗以它勇敢、顽强、灵敏、温顺等性格，早已成为人类亲密的伙伴和忠实的捍卫者。因此，有关狗的趣闻不胜枚举，说来颇为有趣。

狗急跳墙

俗话说："狗急跳墙。"为什么狗在紧急窘迫时竟能跳过高出人头的围墙呢？

现代医学家研究后发现，动物体细胞内都贮存有一种叫三磷腺苷（即 ATP）的高能化合物，它主要由平时食物中的三大营养素——蛋白质、脂肪和糖所产生。在一般情况下，部分三磷腺苷维持体温和日常活动，其余的则以化学能的形式储存在细胞中，以备不时之需。当大脑发出危急信号时，三磷腺苷能转换生成一种叫二磷腺苷的物质（即 ADP），它能释放出巨大的能量。这时，化学能便转变成机械能（即肌肉收缩）、电能、声能和光能等。

跳得最高的狗

狗类的跳高纪录是由一只名叫"沃尔斯"的德国牧羊犬所保持的。1989 年 11 月在法国阿维尼翁举行的一次表演中，这只狗连跳带爬跨越了一堵高 3.58 米的光滑木墙（不借助于任何支撑物和其他帮助）。这只狗的主人是法国埃克斯昂普罗旺斯的菲利普·克莱门特。

当狗的肌肉获得了二磷腺苷提供的巨大能量后，便产生了超乎寻常的爆发力，使肌肉猛烈收缩，促使骨骼和关节运动，狗也就能"跳墙"了。

狗犯学校

英国伦敦附近有一所狗犯学校，该校担负着把那些顽劣的"犯罪"狗改造为"遵纪守法"的狗的责任。送到该校的狗分为咬人狗、斗殴狗、杀鸡狗等几类，它们因"罪"而被施"训"。经过训练后改过自新的狗方能毕业。负责该校的"典狱长"是一位前苏格兰的警探。

狗保镖服务

美国俄勒冈州尤金市追求健美的长跑妇女们，在清晨和黄昏经常遭到歹徒的袭击。为此，18 岁的姑娘莎莉创办了一家"女子长跑服务公司"，为跑步的妇女提供狗保镖，从而大受欢迎。该公司将那些经过训练的德国牧羊犬出租给跑步的妇女，它们每天跟随主人跑步，倘若途中发现形迹可疑的人，它们就会狂叫，吓退陌生人；一旦主人遭到意外袭击，它们就会奋不顾身地扑向袭击者，以救护主人。据说，该公司自成立以来，出租过数万次的狗保镖服务，使用这些保镖狗的长跑妇女从未发生过意外。

▲ 保镖狗

替主人存款

美国林肯市有一条名叫“涛比”的狗会替主人到银行存款，当地居民差不多都认识它。这条狗的主人阿雷内是一间酒吧的店主，每天都要把营业款存入附近的一家银行。阿雷内认为狗比人更值得信任，于是训练爱犬担当这项重要任务。几年来，“涛比”用嘴巴叼着钱袋，跑到银行后就像其他顾客一样排队等候。银行职员见到“涛比”这位熟客，便会替它填写存款单。由于阿雷内的爱犬名扬全市，当狗出现在街上时，路人就会大叫道：“噢，这是涛比！”

送邮件的狗

在法国巴黎有一位叫密苏安的老人，专门训练了一群替人们取送报刊的猎狗。只要订户交上报刊费，狗就会准时无误地把当天出版的报纸杂志送到订户家中，无一差错。

捡球的狗

英国一家网球场驯养了一只专门捡球的狗。当运动员打球时，这只狗便在球场外等候，球一出场地，它就会立即奔过去，用嘴巴把球叼起来，送到运动员手中，然后重新回到原来的地方等球。

反对吸烟的狗

在澳大利亚悉尼，有一家人饲养的一条狗很有趣，不允许人们抽烟。它不但不让其主人抽烟，而且遇到吸烟的人，它就扑上去从吸烟者手中把香烟抢去弄碎，使你在它面前吸不成烟。

子女最多的公狗

生儿育女数量最多的是一只名叫“洛·普雷塞利”的公狗，小名叫“蒂米”，生于 1957 年 9 月，归伦敦雷根特公园的布卢娜·阿默斯特所有。自 1961 年 12 月～1969 年 11 月，由这只狗交配后生下来登过记的小狗共有 2414 只，此外至少还有 600 只没有登记。

警犬与军犬

我国养狗的历史很悠久，开始主要用于守牧、狩猎、看家和食用，到了战国时期，人们又把狗用于战争。顾名思义，警犬即用来警戒的狗，这个名称，最早见于唐代杜佑的《通典》："恐敌人夜间乘城而上，城中城外每三十步悬大灯于城半腹，置警犬于城上，吠之处需加备脂油火炬。"

警犬之名虽出现在唐代，但警犬之实，却早在战国就已存在了。战国时期著名防御战专家墨子，在《墨子·备穴》里就说：如果敌军开凿地道攻城，守军也应径直迎敌，针对敌穴方向开凿地道，以穴攻穴，把敌军消灭在地下。为了防守地道，墨子主张用狗在地下警戒，"穴垒中各一狗，狗吠即有人也"。这种狗就是警犬。宋代以后，警犬有名有实，成了必不可少的战具之一。《资治通鉴》说："凡行军下营，四面设犬铺，以犬守之。敌来则群吠，使营中有所警备。"明代《武备志》记有当时军中设置军犬警戒哨的情形，说驻军之地要"置一家，家养数犬，剔犬窟于城壕之下，其犬盖以窟养，犬以壕为院落，一有风息，则犬以警人，人以叩堡"。由此可知，古代的警犬实际上是军犬或战犬。

1953 年，西南边防 10 名战士从北京首届军犬培训班毕业，牵着 10 只训练合格的种犬，由区队长带队回到昆明。"云南省公安总队军犬训练队"的牌子也由此挂起。

为了扩大犬种，部队派人前往重庆、成都、贵阳等地征集了 90 只民用犬，再从这 90 只犬中根据体型及神经类型"优选"出 20 只，加上从德国引进及北京带回的共 40 只样

▲ 军犬

犬作原始血源或基础群，建成繁殖区进行严格选种培育，从而揭开了培养“昆明犬”的序幕。

1988年4月，国家公安部在青城举办了军犬鉴定会。会上，“中国昆明犬”被正式定名，后来荣获全军科技进步特别奖。它标志着“昆明犬”以特定称谓开始走向外面精彩的世界。

50多年的风霜雪雨，50多年的辉煌历程，“昆明犬”以突出的战绩，赢得了世人的瞩目。

1993年10月，云南瑞丽海关。在这里已守候待命17个小时的缉毒犬“考雷”，机敏的鼻翼、如炬的目光仍在不停地搜寻着。当一名装扮成外商的男子正欲混进熙熙攘攘的人流出境时，忽然，“考雷”朝那人扑了上去。武警战士迅速出击，当场在其行李车内查获海洛因3000克。

1994年8月，昆明火车站检票口。正在执勤的搜捕犬“哈利”，突然死死咬住一名乘客的衣襟不放，公安民警、武警战士从那人腰间搜出匕首一把、雷管两枚。潜逃两个月之久的特大杀人案主犯王某，万没想到竟被“哈利”揪进了法网。

这仅仅是云南省军犬训练大队经过特训后的“昆明犬”协同解放军、武警战士并肩侦察、缉毒的两个小小镜头。

在短短几年里，军犬基地训练出的侦破、搜捕、缉毒等7个品类的1100只“昆明犬”，在不同的战线上破案万余起，它们破案的迅速、准确性有口皆碑。

尤其值得一提的是，1995年7月25日凌晨2时许，攀枝花市渡口水泥厂发生一起特大碎尸案。时隔3天，当得到报案的市公安局刑警队赶赴现场时，罪犯哪还有踪影？前一天的一场暴雨已把现场破坏得面目全非。一时间，侦破工作陷入了尴尬境地。军犬“飞丽”受命于危难之中。当它在第二现场旁边的小河沟里发现有顶破烂的草帽时，“飞丽”立刻兴奋起来，它利用这顶破烂的草帽奇迹般地找到了血迹气味的嗅源。“飞丽”沿嗅源追踪3000米后，终于在高家坪家属区邓某家衣柜内叼出一黑色皮箱。箱内装有死者的躯干，人证、物证俱在。罪犯对此供认不讳。

难怪英国著名侦探凯勒在使用“昆明犬”成功地破获一特大盗窃案后，给予如此褒奖：“‘昆明犬’——侦破中不折不扣的‘福尔摩斯’。”

“老朋友”再立新功

狗，是人类的老朋友了。

墨西哥人喜欢养狗，一是为了看家，二是为了娱乐。有一年，墨西哥遭到 8.1 级强地震的袭击。通过这次地震，他们更加爱狗了，甚至有许多墨西哥人怀着感激的心情，呼吁要为狗竖立纪念碑。

当远离 400 千米的地震波传到墨西哥城之后，顷刻间摧毁了这个城市中心地区的 1229 栋楼房，成千上万的人不幸被埋在坍塌的物体中。

在墨西哥发生地震后，土生土长的墨西哥狗，在抢救中屡建奇功。有一位大夫养的三条狗，竟寻找出了 527 位被埋压人员的具体位置，并为被埋压人员送信、送食物和氧气等。在这次强烈地震中，狗为解救出 4096 位灾民发挥了意想不到的作用，难怪人们呼吁要为狗建立纪念碑了。

像这样的“救命狗”并不是绝无仅有。在我国邢台、海城、唐山等地震或强余震前，人们发现狗有预报地震的能力。在大地震前狗表现出不安宁、狂吠；有的狗还用嘴叼咬主人的衣服，示意脱离危险之地，免遭地震之祸。

看来，狗无论在预报地震，还是震后或工矿发生事故后寻找被埋压人员方面，都是人类最得力的助手和最忠实的朋友。

狗的嗅觉比人要灵敏 100 万倍，听觉也比人灵敏 3 倍以上。因此，训练有素的狗不仅能帮助人放牧、狩猎，追踪野兽，追捕罪犯，而且还可预报地震、找矿、救人、缉私、检查邮件和搜索爆炸物。

在北欧瑞典，还将狗作为盲人的引路向导，导引狗能了解主人的手势，辨认十字路口的红绿灯。

法国巴黎的一只狗在一次雪崩中救了 40 多人的生命，因此，人们为它立了一座纪念碑。

在日本东京涩谷电车站，有一座姿势优美的狗铜像。这条狗叫黑奇，它的

▲ 人类的朋友——狗

主人是大学教师上野，上野爱黑奇如子，每天上野上下班时，黑奇总是在电车站迎送他。后来有一天，上野不幸在学校去世了，可是黑奇照旧每天傍晚在电车站默默地等候上野，风雨无阻，在涩谷无人不知。6年以后，黑奇老死在涩谷电车站。为了纪念忠心耿耿的黑奇，人们在电车站前为它立了纪念像。

在西班牙，有一条自觉看守铁道口的狗。在西班牙的蒙特塞拉有一座欧洲最古老的寺院，在去寺院的途中有一条横穿而过的轻便铁路。自1892年以来，在路旁，只要列车开过，就会有一条狗飞蹿起来，代替看铁道口的人，大声吠叫，通知人们有危险。

澳大利亚有个旅游胜地位于悬崖峭壁上，那里一家酒店养的一只狗“专职”守在峭壁边沿，凡是游客到那里去或是夜间散步到“危险区”，它就会拼命咬住其裤子往回拉，游客不转身，它就不松口。

狗的嗅觉之灵敏，在动物界享有盛名。据试验：狗能嗅出气味的种类有上百万种，甚至能够嗅出埋在地下数米深处的硫化矿石氧化过程中析出的气体。经过专门训练的狗，可以用来找矿，这种狗取名为“探矿狗”。人们把这种根据气体找矿的方法，称为气味找矿法。

气味找矿法又称气体测量找矿法。它是通过测量水、空气和土壤中的气体浓度来进行找矿的。这种方法具有简易、经济、快速等特点，被公认为是地球化学找矿的最新成就之一。我国现已开始了这种方法的研究和应用。

瑞典地质学家采用“探矿狗”，成功地找到了埋在地下一米多深的黄铁矿、黄铜矿、磁铁矿和汞砂的独立矿段。当然，狗的嗅觉尽管很灵，毕竟有限，要嗅出和分辨地下矿石放出的极其微弱的气味，在很多情况下，狗也无能为力。

科学家仿照狗鼻子的构造，研究出了气味电子接收机，人们将它命名为“电子狗”。“电子狗”嗅出的气味，比狗多得多，比狗更精确，它可以捕捉多种金属和其他物体的气味，比较准确地找到矿床。

有一种“电子狗”叫测汞仪，里面装有原子吸收光谱仪，利用汞蒸气能吸收波长为2537埃的紫外线共振谱线的原理，来测定汞蒸气的浓度，可以准确地测量每立方米空气中，含量在10毫微克以下的汞蒸气，不仅速度快，而且是其他方法难于办到的。

“电子狗”使用很方便，能够装载在汽车上进行地面测量，也能够用飞机进行航空测量，还有些微型“电子狗”，地质人员可以随身携带。

“电子狗”不仅用于找矿，而且还可以用来监测大气污染和煤矿瓦斯浓度，用于地震预报等。

狗鼻子

狗鼻子的构造比一般动物的鼻子要复杂得多。狗的嗅觉器官上也生有黏膜，与其他动物一样经常分泌黏液，以湿润嗅觉细胞，保持嗅觉的高度敏锐。与众不同的是，狗鼻子尖端的表面部分，还有一块不生毛的黏膜组织，上面有很多的突起。这块鼻尖的黏膜组织上也经常分泌比较多的黏液来滋润它，因此狗的嗅觉比别的动物要灵敏得多。

狗之最

狗不仅是常见的动物，而且是人类最早驯化的家畜。至少在7000年前，狗已经把人作为自己的主宰了。据动物学家的研究，狗是欧亚大陆的狼、北非的豺和北美的郊狼等野生动物的混血产物，各个不同的民族采用不同的方法将其驯化而成不同的狗。

最重的狗

体重最重的驯化狗是美国的梅斯蒂夫狗和圣伯纳德狗。这两种狗的成年雄性体重通常为77～90千克。迄今为止有记录的最重的（同时也是最长的）狗，是一只名叫“艾卡马·卓尔巴”的梅斯蒂夫狗（出生于1981年9月26日），其主人是英国的克里斯·伊拉克利德斯。1987年9月，这只超重量级的狗体重达到144.7千克（肩高88.9厘米）。尽管它体形巨大，但它身上的肌肉却很结实，因为它的饮食是经过严格控制的。不幸的是，1989年3月它被交给主人的一位亲戚照看期间，由于喂食过多而迅速发胖起来，体重达到了153.5千克。不过，后来它的体重又回到了理想的重量。这只狗的其他测量数据为：胸围144.78厘米，颈围92.71厘米，鼻尖至尾梢的总长度2.5米。它们生的一只小狗“钱多尔”（1987年8月6日出生）18个月时体重就为120.66千克。

▲ 世界上最大的狗

圣伯纳德狗体重的最高纪录是由一只名叫施瓦斯沃德·霍夫的狗所保持的。它的体重为140.6千克（肩高99厘米）。这只狗出生于1982年，主人是美国密歇根州大急流区域的托马斯·欧文和安妮·欧文。

最高的狗

个子最高的狗是丹麦大狗和爱尔兰狼种狗，这两种狗肩高均超过99厘米。最极端的纪录是英国白金汉郡米尔顿肯尼斯的彼得·科姆利夫妇喂养的一只丹麦大狗所创造的。这只狗名叫“沙姆格里特·丹扎斯”（1975年出生），其肩高为105.41厘米，而当它颈背部耸起来时高达106.7厘米，体重108.05千克。这只狗死于1984年10月6日。

美国肯特郡玛丽·贝农所喂养的一只名叫“米盖尔大桥”的爱尔兰狼种狗（1920～1929）两岁时肩高为100.33厘米。

最小的狗

有记录的最小的一只成年狗像火柴盒那么大，这是一只约克夏狸狗，肩高6.35厘米，从鼻尖到尾梢全长9.5厘米，体重轻得难以置信，只有113.4克。它死于1945年，死时不到两岁。狗的主人是英国布莱克本的阿瑟·F. 马普尔斯，曾任《我们的狗》杂志编辑。

另一只最小的成年狗是名叫“花生豆”的小型奇瓦狗（1986年9月23日出生），1988年10月25日，这只狗的肩高是13.97厘米，全长25厘米，体重510.3克。狗的主人是美国北卡罗来纳州的弗洛伊德·帕克和格雷斯·帕克。

最长寿的狗

绝大多数狗的寿命在8～15年之间，能活过20岁的狗鲜有可靠的记录。长寿的狗一般都是体型较小的品种。可信的狗的最长寿命是29岁又5个月，创造者是一只叫“布卢”的澳大利亚牧羊犬。狗的主人是澳大利亚维克罗彻斯特的莱斯·霍尔。1910年他得到这只狗时，它还不满1岁，此后这只狗为放牛和牧羊工作了近20年。1939年11月14日去世。

最耐长途跋涉的狗

美国阿拉斯加州自1910年开始举行狗拉雪橇比赛，1967年起这项比赛每年举行一次。比赛路线是从安克雷奇至诺姆，全长1688千米。最好的成绩是由苏珊·布彻的狗队在1987年创造的，时间是11天2小时5分13秒。1986～1990年苏珊·布彻是连续四届比赛的冠军得主，平了里克·斯温森“四连冠”的纪录（1977～1982）。

跳得最远的狗

狗跳远的最高纪录是9.14米，是1849年一只名叫“班”的狗在英国格洛斯特郡布雷肯洛基创造的。当时它正在追赶一只山兔，跳过了一道宽9.14米的峡谷，落在硬石路上，尽管它受了伤，它还是追上了那只山兔，并把它咬死。

聪颖的猪

提起猪来，没人不知道，猪总喜欢用鼻嘴拱地，到处找食，即便吃得饱饱的也是如此。猪，为什么有这种掘土寻食的习性呢？

原来，家猪是由野猪驯养来的。在驯养过程中，不仅体态、生理特点等产生了变异，就连动态表现也发生了改变。比方说，家猪体态肥胖，好吃懒睡，性情温顺，但一些原始野性却未改变多少。野猪鼻嘴的前端呈长筒状，以便在野外掘土寻找易于消化的块根、块茎等杂食。而家猪虽然经过驯化和选育，嘴筒比野猪短，但掘土本性难移，常常掘坏猪舍和地面。

据研究，猪的驯化开始于五六千年以前。那时，我国正处于新石器时期，农业生产比较兴盛，我们的祖先就把捕获的野猪饲养起来。起初，为了防止抓来的野猪跑了，人们制造了“系绳”，以后又修圈栏，限制野猪的活动。这样年复一年，代复一代，经过漫长的驯化、选育和不断地改善饲养管理方法，终于使性情暴烈、警觉敏锐的野猪，逐渐变为温顺而易于调养的家猪。

人们在漫长的生产实践中，对家猪不断地进行改良和培育。商代有个叫韦豕的，据说是我国最早的猪种选育专家。春秋战国时期，对猪的选育已有了一定的基础，到秦汉时期又有了进一步的发展。北魏贾思勰写的《齐民要术》中，系统而全面地描述了我国劳动人民对猪的选育技术。我国的猪种，大都具有早熟、易肥、耐粗食、肉质好、繁殖力强的优点。现在世界上许多著名猪种，几乎都有中国猪的血统。早在两千年前，罗马帝国就引进我国猪种，育成了罗马猪。英国大白猪是我国华南猪与英国约克夏猪杂交改良而成的，美国的波中猪也是引进中国猪后改良成的。

躯体肥胖的猪给人一种迟钝和笨拙的印象，其实猪十分聪颖，它是有感情和记忆力的。它经常用多变的声音和动作的“词汇”来表达感情。这种“词汇”包括各种不同的吼叫、咆哮、呼啸声、扇耳舞尾等。它怀念爱护它的人，而对虐待它的人是警惕的。它从脚步声能辨出是否是主人来了，并摇头摆尾跑到圈边等待，同时发出亲昵的哼哼声。如果挨过棍棒或打过预防针，几天内一见手拿棍棒和注射器的人便躲闪开去，远远地用小眼睛盯着你，并做出随时准备逃走的样子。

猪的鼻子很灵

猪的视力和听力都不太强，鼻子却比狗还灵。于是有人训练猪打猎，它能嗅出二十多米外的猎物。猪经过训练还能帮助寻找埋在地下的地雷呢！

猪看待事物总是经过思考的，对它可按人们的需要进行定向培育，并且还能叫它干事。美国马里兰州的一家人养了一头猪，经过适当训练，使它学会了狗能做的一切技艺，如跳舞、跳水、拿报纸、拉车等。古埃及人曾专门将猪赶进田里，让猪把种子踩入泥中。18 世纪，英国人狩猎时常利用猪追捕猎物。猪辨别气味的能力和其他四脚动物一样敏锐。如果把 243 种蔬菜放在面前，它拒食 171 种。因此有人利用猪寻找丢失的东西，在战场上能嗅出地雷。在法国有一个地区 20 多厘米的深土下生长着一种价格昂贵的药用菌，历来就是让猪替人去寻觅。德国一个小镇上，立有猪的纪念碑。原来，这个地方缺少盐，人们吃盐非常困难。有一次，镇上的人们发现一头猪总是在一个地方拱土，便把那里的土挖开，结果发现了盐矿，从此，解决了当地人的吃盐问题。大家为了感谢猪的功绩，便在镇上为猪立了一座纪念碑。

▲ 猪

猪是聪颖的，正如生物学家达尔文指出的：猪的智能并不亚于狗。英国剑桥大学的科学家们做过一次有趣的实验，他们把猪和狗分别放到一座冷室里，教它们怎样按动键钮来打开暖气，猪只用了一分钟就学会了这个动作，而狗却用了 2 ～ 3 分钟的时间。美国佛罗里达州有人训练了一头母猪，能够替主人看门。

猪是个爱清洁的动物。它之所以常常在泥水中打滚，是它调节体温所采取的一种办法。因为猪身上汗腺极少，热天里为了散热，它只能不得已而为之了。如果有干净的水，它是绝不会混迹于污泥之中的。它们本能地在远离自己的食宿处去拉屎、撒尿，这一点则胜过狗。

“猪身出百宝”。一头猪去掉 65%的肉和油，其他部分可以加工成 500 多种副产品。猪粪猪尿是优质农家肥。猪在医疗保健方面的应用早已有详细 的记录。可以说，猪的脑、心、肝、肺、肾、肠……以至猪的毛、骨、血和蹄甲等，样样都可做药用，其中有的还具有独特的功效。

到了近代，猪对制药工业的贡献更大，从猪身上制出了催产素、胰岛素、胰酶、胃蛋白酶等品种繁多的药物，并在临床上广泛应用。随着科学技术的飞速发展，药物学家又从猪的身上研制出不少引人瞩目的新药，让猪为人类的健康再立新功。例如医治心肌梗死、脑血管障碍的“细胞色素 C”，就是从猪心中提炼出来的。有一种抗凝血的名叫“肝素”的新药，是从猪的肠黏膜提炼的。它在复杂的心血管外科手术及防治多种血栓塞时可以大显身手。

关于猪的几则趣闻

长期以来，猪一直是人们心目中蠢、懒、脏的象征。一提起猪，便会使人联想起它那迟钝、懒惰的天性。

然而，国外一些养猪专家经过长期对猪进行细心观察后，认为它有着与狗、马等家畜差不多的智能，只要加以适当的训练，很快就可以学会跳舞、寻物、潜水、取报纸、带路、拉车等本领。甚至还能利用它那灵敏的嗅觉，为军事目的服务——发现战场上的地雷。

在法国，有一种被誉为“调味珍品”的块菌，叫松露。它生长在 5 ～ 30 厘米深的地下，不容易找到，所以它的价钱十分昂贵。有人让一头经过专门训练的猪去寻找这种块菌，结果在 6 米外，猪就嗅到了长在地下的这种珍宝。假如让狗去完成同样的工作，事先要对它进行很长时间的训练，而对于猪来说，训练一个星期便绰绰有余了。

在美国还流传着不少关于猪的趣闻。马里兰州一个叫法兰克·威勒的人有一头猪，经过他精心训练之后，它能像马一样，备上鞍具，就可以让儿童们骑行。在佛罗里达州，有人教会一头母猪去看守主人秘密收藏的物品，当一些人企图前来找寻这些物品时，这头经过训练的母猪，狠狠地咬伤了这伙人当中的两个。在华盛顿的一次农业展览会上，举行过一场有趣的动物赛跑，参加赛跑的全是猪。看着它们飞也似的朝终点线奔去，谁也不会认为猪是迟钝、懒惰的动物。

要想使猪获得某种技能，有人总结出了这样的经验：在训练时，主要采用赏给食物和抚爱的手段。惩罚，会使猪变得暴躁。

如今的美国，有越来越多的家庭开始像养狗或养猫一样大养特养起猪来，甚至还有预言家宣称：在 21 世纪，猪可能取代猫，成为千家万户中仅次于狗的“第二宠物”……

眼下，最受美国家庭青

▲ 猪妈妈和小猪们

睐的倒不是膘厚体壮的大肉猪，而是来自世界各地的小种猪，其中又以越南产的“微型猪”尤为吃香。据说这种小猪体重仅为一般猪的1/10，身高与狗相仿，毛呈深灰，从不挑食，与人十分亲近。由于购买的人很多，“名种猪”的身价便扶摇直上，有的身价竟高达3万美元。为了满足不同顾客的不同需要，动物学家们抓住大好商机，绞尽脑汁，用先进的遗传工程技术培育新品种猪，有的以“小巧玲珑”取悦，有的以“活泼可爱”见长。

> **《猪》**
>
> 猪，杂食肉用家畜。由野猪驯化而成。据出土文物的同位素测定，中国养猪至少已有6000～7000年的历史。体躯肥满，四肢短小。鼻面短凹或平直，身下垂或竖立，被毛较粗，有黑、白、酱红或黑白花等色。汗腺不发达，热时喜浸水散热。性温驯，体强健，适应力强。寿命约20年。

美国的“爱猪族”认为，猪与人类“交往”已有很悠久的历史，可以说是人类的“患难之交”。他们还引用了英国前首相丘吉尔的名言：“如果说狗能懂得尊重人类，那么可以说猪为人类作出了最无私的奉献。”

在遍布美国各城镇的“爱猪俱乐部”里，会员们热心地探讨着“养猪经”，切磋着如何训练使猪更清洁并让它学会看电视等。一本专门介绍养猪经验的《养猪》杂志已正式出版，一条以交流养猪经验的“热线电话”也应运而生，甚至还有人特意录制了专供猪“观摩”的录像带。

聪明的养猪迷们还挖空心思地创办各种与猪有关的活动，如赛猪、训练猪缉毒、利用猪表演节目等，真是五花八门。

世界上体重最大的肥猪，是美国一个家庭饲养的名叫“毕克比利”的猪，体重达1157.5千克。丹麦阿克瑟尔·埃杰迪伊家饲养的一头母猪，在1961年6月25～26日，一胎产下34头小猪崽儿，创世界母猪一胎产崽儿的最高纪录。

巴布亚新几内亚人根据猪的颜色、体型，给猪取了各种名字，把它当成爱兽玩赏，以猪的多少来体现自己的富有。巴布亚新几内亚人每4～6年都要举行一次少则百余人，多则几千人参加的猪宴庆典活动，他们的某些部落里，人们常用猪肉作馈赠的高级礼品；把吃猪肉看作友谊的象征，和对方一起吃一次猪肉，即是恢复友谊或建立新关系的标志。

最近，科学家在研究治疗疑难病和癌症的试验中，发现干扰素（正常细胞和病毒接触所产生的抗病毒感染的物质）有着特殊的疗效。而干扰素又必须在特殊的细胞中培养，在老鼠身上培养的干扰素，用到人体上却根本不起作用。

科学家研究发现，把猪血中白细胞里的干扰素引到人体组织中，却能收到积极的抗病毒感染的效果，这是因为猪的蛋白质和人的极为相似的缘故。为此，美国科学家已专门培育成功了作为实验和培养干扰素用的微型猪，从而为实验和生产多种干扰素提供了可能。目前，已推出用遗传工程人工合成的治疗血癌的干扰素——ALFA，用这种干扰素治疗的病例中，90%取得了良好效果，其余病人情况也相当稳定。

鹿鸣山谷

中国开始养鹿的时间很早，远在西周初期，已具相当规模。这在我国最早的一部文学著作《诗经》中，已有清晰的描述：

王在灵囿，麀鹿攸伏。

麀鹿濯濯，白鸟翯翯。

这首诗，记叙了周朝的奠基人文王亲自到灵囿看鹿的情景。囿，就是苑。灵囿，是周文王饲养珍禽异兽的地方。可见，早在两三千年的西周，人们已经对鹿实行圈养了。

▲ 梅花鹿

鹿体态玲珑健美，皮色斑斓雅洁，十分招人喜爱。据庐山五老峰南麓后屏山的白鹿洞洞志记载，唐朝李渤养的一只白鹿训练有素，将袋与钱系在鹿角上，能到星子县城替主人购买书纸笔墨，投寄书信。

梅花鹿是吉林省的名贵特产，人工饲养已有一百多年的历史。据史料记载，清太祖努尔哈赤建都沈阳，曾将吉林省东丰县小四平乡划为皇室围场，供皇室贵族演艺习射，打猎寻乐。这里山势嶙峋，林茂草丰，禽兽出没，野鹿成群。当年有百余家猎户，分四十八家趟子，专为皇家狩猎服务。当时猎户们捕鹿靠的是合围“窖鹿”，即在梅花鹿经常出没的地方挖好陷阱，上面架树条，蒙上草帘，再铺上土和草皮，外表看不出一丝痕迹。然后带上猎狗拉网似的围山赶鹿，掉进陷阱里的鹿即被逮住。猎户把鹿圈养起来，留备向皇帝进贡。

光绪十二年（1886年），清廷在伏力哈色钦（满语地名，今东丰县小四平乡）设“鹿趟”。由于猎户赵允吉性格豪爽耿直，胆大心细，且能吃苦耐劳，为此，鹿趟总头领史庆云委派他为四十八家鹿趟的“跑信人”（即联络员）。

光绪二十一年（1895年），四十八家鹿趟的猎户感到采用窖鹿的办法捕捉野鹿越来越困难，无力再向朝廷进贡活鹿。于是，他们推举赵允吉为代表进京向朝廷进言，请求将鹿集中起来圈养繁殖。猎户们凑齐了20只活鹿，送到了北京，由盛京官员将鹿交给了“旗务司”，并领了回文。随后他领赵允吉叩见了光绪皇帝（一说叩见了慈禧太后），递上奏表。经恩准，封赵允吉为鹿鞑官，并赐给黄马褂和虎头牌等物，同时拨给40名骑兵的军饷，以建皇家鹿苑。

翌年，即光绪二十二年（1896年），朝廷将吉林等地猎户所捕的60多只鹿都集中到伏力哈色钦，由赵允吉圈养。同时规定，每年除了向宫里进贡活鹿20只外，还要缴纳鹿茸、鹿尾等珍品。

赵允吉用朝廷拨来的经费，建起了一座能容纳100多只鹿的鹿圈，叫第一鹿圈。同时建起了家眷住宅和丁役宿舍。这时赵家的鹿倌、炮手（护院兵丁）、仆人，已有40多人。光绪二十六年（1900年），赵允吉之子赵振山代父进京贡鹿，以后年年不误，深得朝廷的信任。宣统年间，由于赵家养贡鹿有功，宣统皇帝封赵振山为鹿鞑官。赵振山仰仗献鹿有功，于是在大肚川（东丰县俗称大肚川）跑马占荒，把养鹿官山范围扩大。几年光景，赵家已经拥有良田、山林百余里。

1947年2月，小四平乡解放，人民政府集中赵振山等几家鹿趟所圈养的鹿，建立了小四平鹿场。

鹿是一种“家野不分”的食草反刍偶蹄类动物。它反刍像牛，善跑像马，还像猪一样爱在泥水中“打滚”。

有趣的是，倘若遇到猎手开枪不中，鹿自然会急速返身逃跑，但是在窜逃的紧急时刻，它总要把尾巴撅起，露出下面的白色，好像挂上一面小白旗，异常醒目。这无异会招惹猎人再朝着那个目标补发两枪。但即使未曾开枪，而仅仅是惊动了它，当它逃走时，也总是翻起白尾而逃。鹿为什么要干这种傻事呢？原来这是一种有利于保存种族的遗传习性。当鹿群发觉有敌害（不论是虎也好，豹也好，狼也好）迫近之际，为首的鹿立即领头逃走，其他的鹿也相继尾随而逃，那翻起的“白旗”原来是一种联络的信号，使后继者不致迷失方向。

梅花鹿

梅花鹿体长约1.5米；毛色夏季栗红色，有许多白斑，状似梅花；冬季烟褐色，白斑较不显著。颈部有鬣毛。雄性第二年起生角，角每年增加一叉，五岁后共分四叉而止。栖息森林的丘陵地区。分布于中国东北、安徽、江西、浙江、台湾、四川等地；也产于朝鲜北部、日本和俄罗斯太平洋沿岸地区。野生种日趋减少。为国家一级保护动物。已进行人工驯养、繁殖。

马的故事

1928年，红四方面军在井冈山一次反“围剿”的战斗中，缴获了一匹小黄马。这匹小黄马长得矮小，样子不好看，但很结实。毛泽东很喜欢它，每逢率红军部队出发，都要把小黄马带去。

井冈山的道路崎岖，又狭又陡，还有很多用两三根树干架起来的木桥，桥下是深涧，流水潺潺。许多高大的战马到了这里，吓得战战兢兢，四腿发抖，要用人牵着或用黑布蒙住眼睛才敢过桥。但小黄马却不需人牵，也不用蒙住眼睛。

毛泽东从井冈山转战赣南闽西，一直骑着这匹小黄马。长征途中，由于所经雪山气候严寒，风雪迷漫，空气稀薄，山路冰雪深积，有不少高头大马失蹄摔下深谷，而这匹小黄马却稳稳当当地过了雪山草地，随毛泽东到了陕北。

马是于19世纪绝种的泰斑野马的后代。早在三千多年前，周朝就设有专职官吏选育公马繁殖马匹。汉武帝引入良种大宛汗血马，不惜发动战争，迫使宛国国君贡献良马，使国家的好马迅速发展到了30万匹。以后又通过“丝绸之路”引进了乌孙天马、波斯骝马等，对内地马的改良发挥了重要作用。

我国良马资源主要分布在东北、西北和西南地区，著名的有产于新疆伊犁地区的伊犁马，原产于内蒙古呼伦贝尔三河一带的三河马，产于甘肃、青海、四川交界的黄河河曲一带的河曲马等。长期以来，全国各地都养马，现在已是骏马遍神州。

马与人类的关系极为密切，有役用、肉用、乳用和肉乳兼用之分。作为一种生产畜力，多被用于耕田、运输、狩猎、乘骑。

▲马

在肉用方面，由于马肉具有易消化、营养价值高和对心血管病疗效好等优点，因此在国际市场上受到很高的评价。如比利时，每年马肉的销售量约为3万吨，比羊肉多6～7倍。在畜牧业占很大比重的蒙古国，近些年来，对马肉的营养价值进行了科学研究。他们发现，马肉中不仅含有丰富的供人体需要的蛋白质（蛋白质含量占20%以上，其中球蛋白又占蛋白的20%以上），而且每千克马肉的含热量为2000～2200大卡。对马的脂肪的物理—化学性能进行的化验结果中还发现，马的脂肪在30℃～32℃即可溶化。这表明马的脂肪具有半液体特性，它可以加快机体迅速吸收胆固醇等油脂性物质的过程，而不使胆固醇等物质长久地留在机体内部。研究马的这一生理现象对防止人体内部由于胆固醇积聚过多而导致的血管硬化等会有积极借鉴作用。

马奶是国际上风行一时的饮料，其成分接近人奶，营养价值比牛奶好，而且对肺结核、贫血及消化不良等慢性疾病有一定疗效。

另外，马在技艺、体育、礼仪、舞蹈等方面也有一定用途。自从人类有战争以来，马在战场上更是屡建奇功。

在哺乳动物中，马的神经系统颇为发达，触觉能力极强，嗅觉也很灵敏，有时能用鼻子从空气中辨别出微量水汽，找到几千米外的水源。马的听觉令人惊讶，即使是刚出生的小马驹，也能从母马群中辨出自己母亲的嘶鸣声。有趣的是，马还有喜欢走迎风的特性。马的弱点是眼睛近视，这使它胆子小，遇到不常见的东西易惊慌。

在家畜中，马的神经系统最发达。它们对外界反应比较敏感，有些情绪，能够从它的神态和动作中表现出来，这叫马的表情。我们熟悉马的表情，可以更好地管理马匹，同时能避免一些事故。

性格比较暴躁的马，它的耳朵向后倒贴，鼻孔的呼吸又短又急，抖动嘴唇，露出牙齿，大睁着眼睛，站立不安。这是一种发怒或凶恶的表情。

马扬起头，全身朝后，这是准备跳起踢人的表情和姿态。饲养人要立刻上前阻止并抚慰它，它会慢慢地安静下来。

马看见人走近了，微微地眨眨眼睛，射出温和的眼光，又伸出头用鼻子嗅嗅。这是马表示亲近的表情。

有时马站在槽前，连连地举蹄叩击地面，抬起头望着饲养人，还断断续续地轻轻嘶叫着。这是马讨食的表情。

马的表情最明显的部位，要算它的脸部，其中以耳朵、鼻子、眼睛的表情最为明显。在这些最明显的部位当中，又以耳朵的表情最容易让人察觉。马的耳朵除作为听觉器官外，还能用耳朵表示喜、怒、哀、乐。当马心情舒畅的时候，耳朵垂直竖起，耳根非常有力，并时常有些微微的摇动；当马心情不愉快的时候，耳朵便前后不停地摇动；当马紧张的时候，它的耳朵一般都是倒向后方；当马疲劳的时候，耳根显得无力，耳朵倒向前方或两侧；当马困倦时，耳朵便向两旁垂着；当马恐惧的时候，耳朵就不停地摇动，而且从鼻孔中发出一种响声，民间称它为“打响鼻”。

人类的老伙伴——牛

牛，在漫长的岁月里，同人类结下了不解之缘。远在新石器时代，人类就已学会使用弓箭、刀等来捕猎野牛了。我们的祖先早在五六千年前，便开始把体大、凶猛的野牛驯养成家畜。到了周代，不仅民间养牛宫廷也养牛，皇家还设有叫做“牛人”的官，专门负责养牛。秦汉以后，养牛业更加发展了。

人类最初养牛是为了食肉，以后则作为祭祀的供品。据史书记载，从殷商时代起，人们就开始役牛，西周时则已经出现牛耕。

牛为草食反刍类动物，能够消化粗纤维含量高的青粗饲料，为人类提供奶、肉，并能够充当劳动力役使。

牛与猪不同，它有瘤胃、网胃、瓣胃、皱胃四个胃。前三个胃没有消化腺，只有皱胃具有消化液。所以皱胃又称真胃。胃的总容量，因品种、年龄、个体而有差异，成年奶牛胃的最大容量可达 240 升，肉牛或役牛仅 100 升左右。四个胃的容积比较，瘤胃占 80%，网胃占 5%，瓣胃、真胃各占 5%～ 8%。

牛吃食时，先将草料粗略咀嚼咽下，在瘤胃内充分混合浸软和发酵，休息时再吐出至口腮，重新精细咀嚼，最后咽下，这一连续动作称为“反刍”，民间叫“倒嚼”。一昼夜约有 6 ～ 8 次反刍周期，每次反刍时间为 40 ～ 50 分钟。若一旦停止反刍，则说明牛有病了。

瘤胃进行着周期性的蠕动，每 40 ～ 60 分钟一次，蠕动能促进胃内容物充分混合，有利于反刍，并把胃内气体嗳出。瘤胃内还含有大量微生物，主要是细菌和纤毛虫。在 1 克瘤胃内容物中约有细菌 150 ～ 250 亿个，纤毛虫 60 ～ 100 万个。这些微生物能分解纤维素，产生低级脂肪酸、饲料蛋白与氨

▲ 牛

基酸，还能合成B族维生素，如硫胺素、核黄素、烟草酸等。

牛的适应性强，分布面广，能耐寒热，善于爬山和行走山间狭道等。

牛最早用于战争，远古时的战车就是用牛拉的。到后来，牛主要用于耕田。

牛全身都是宝。

牛奶是营养价值极高的滋补品。我国人民食用牛奶的历史极其悠久，并积累了丰富的经验。梁代陶弘景《名医别录》就已指出牛奶具有“补虚羸、止渴”等功能。

牛奶为完全蛋白质食品，含8种人体必需的氨基酸，尤以植物蛋白质所缺乏的蛋氨酸和赖氨酸更为丰富。牛奶蛋白质中40%为乳酪蛋白，此外尚有能溶于水的乳清蛋白，牛奶乳清蛋白含硫量的比例相当于鸡蛋清。

牛奶中含5%的乳糖。乳糖是由一个分子葡萄糖和一个分子半乳糖构成。半乳糖是最易被人体吸收的半糖类，对脑髓和神经的形成及发育有重要作用，还能促进人体对钙的吸收。

牛奶脂肪中胆固醇含量比肉、蛋类都低，每100克仅含13毫克。奶油中尚含维生素A和维生素D。

牛肉味甘性温，每100克牛肉含蛋白质20.1克，脂肪10.2克，钙7毫克，磷170毫克，铁0.9毫克，维生素B_1 0.07毫克，维生素B_2 0.15毫克，烟酸6毫克，此外尚含维生素A。同猪肉一样，为完全蛋白食品。

牛肝是一种优质完全蛋白质食品，每100克含蛋白质21.8克，铁9毫克，维生素A高达183000国际单位，维生素$B_2$2.3毫克，烟酸16.2毫克，维生素C18毫克。此外尚含钙、磷、铜、维生素B_1、维生素D及多种酶。牛肝因富含优质蛋白、铁、铜及维生素A、B、C等，所以是治疗营养不良性贫血的药物，又具有极佳的补肝明目功效。

牛肚，即牛胃，亦为补益之品。气味甘温，功能补中益气，养脾胃。

牛胆，味苦性寒，能除心腹热渴，止下痢及口焦躁。

牛黄，是来自病牛体内的结石，是一种名贵的中药。它在临床上，常用来治疗中风、惊厥、小儿胎毒痰热，以及痈疽疔毒等症。

牛黄是在病牛的肝、胆中的结石，因而，被称作“肝黄”、“胆黄”，也有生长在牛的心脏和角里，得名为“心黄”、“角黄”。

牛皮、牛角和牛毛都是工业上的重要原料。

你知道吗

牛，没有上门齿，不能啃吃过于矮小的牧草，如果草不太高时，牛总是吃不饱。所以，在放牧时，就一定要注意啦！

奇牛集锦

睡　牛

非洲有一种睡牛，称得上是“睡觉大王”了。它每天吃饱喝足以后，倒头便睡，一天至少睡 20 个小时以上。这种牛既不会耕田，也不会拉车，甚至连路都走不动，走不到几百米就得停下来喘喘气。但它有一个长处，那就是在不长的时间内能长出 454 千克左右的肥肉，成为人们食用的美味佳肴。

喷水牛

尼日利亚有一种叫“息西”的牛。它的舌头不会分泌唾液。为了让舌头湿润，嘴里整天不停地喷着水珠，所以又叫“喷水牛”。“息西”的颈项下长有一个比头还大的“垂囊”。每逢干旱，当地居民就把它赶到河里饮水，让它灌满“垂囊”，然后牵到田里当“喷灌机”使用。这种牛只要在旱地里待上一小时，就能浇透 20 ～ 30 平方米的土地。

吹风牛

在摩洛哥的瓦锡巴出产一种名贵的牛——吹风牛。这种牛的头部特别大，所以也叫“大头牛”。它的肺部异常发达，不习惯用鼻子呼气，常在鼻孔吸入空气后就张嘴呼出，于是就形成了一种不停地“吹风”现象，而且“风力”很大。所以，当地人都把它当做“鼓风机”应用。即让它在炉旁鼓风旺火；让它在打谷场吹谷扬灰。

用脚饮水的牛

非洲有一种名叫“非罗隆多特”的牛。其形状与普通牛并无两样。令人惊异的是，这种牛饮水不用嘴巴，而是用脚。原来，这种牛的四肢靠近蹄的地方，长有一个气囊，直通胃部。因此，它们只要在水里站上几分钟，就能吸进大量的水。

水花牛

东非卢旺达有一种观赏牛叫“水花牛”，它的体格魁梧，背圆腹壮。奇妙的是，它的背部长着五颜六色的花纹，仿佛是穿上了一件彩色图案的花衣裳；它的头部还长有一大丛毛，就像头上戴了一顶美丽的花帽。每当这种牛在水中洗澡时，只将头背露出水面，人们从岸上看去，好像在河里长出来一朵“水花”，故称“水花牛”。

有驼峰的牛

马达加斯加盛产驼峰牛，是一个牛比人多的国家，其中 90%是驼峰牛。这种牛的颈背之间有个峰，像骆驼，故名“驼峰牛”。在水草充足的季节，峰长得格外肥满。驼峰牛有善走、耐渴的特点，加之有峰，便于拖套，是农民常用的牵引畜。

▲ 驼峰牛

被奉为神明的牛

在印度，信仰印度教的人把牛当做神来崇拜，称牛为“神牛”。印度的僧侣每年都要举行一次盛大的敬牛节活动。这天，人们用树枝和鲜花扎成各式各样的花环套在牛脖子上，牛身染上色彩，并在牛颈下挂上饼食和椰果。“神牛”由当地头领或僧侣牵着，沿一定路线行进；僧侣们打鼓诵经尾随而行；众人分在两旁；身穿盛装的青年男女载歌载舞。“神牛”在行进中不断把颈下的东西扔掉，人们便争先恐后地去抢，把抢到的东西视为“神明”的恩赐。

老牛寻主识归途

在美国佛罗里达州发生这样一件事：一头被主人卡拉夫特梭卖出的老黄牛，冲破新主人理德·海耶斯设置的双层带刺铁丝网，游过三条小河，走了 30 千米，花费了 20 个钟头，最终返回老主人家中。

灯　牛

拉丁美洲圭亚那有一种“灯牛”，因其尾巴可以制成蜡烛作灯用而得名。当地人宰杀“灯牛”后，在取下的牛尾巴中心钻个小洞，插入灯芯，便制成一支“牛尾烛”。这种烛光亮而无烟，可点 7 ～ 8 个小时呢！

瑞兽兔子

在法国巴黎郊区有一位叫德利尔的人，他是昆虫学家兼结核病专家，又是医生。在他的住处附近生活着几千只野兔，他种的菜和树苗，常被糟蹋，甚至被啃光。为此，他非常气愤，便设法使两只野兔感染上涎瘤炎病毒，使之得了恶性传染病，由这两只病兔再去传染别的兔子。结果6周后，98%的野兔染病死亡。后来，这种传染病在整个法国蔓延开来，致使35%的家兔和45%的野兔丧命。当法国的狩猎管理总督得知此事后，便联合各兔业组织，对德利尔提出控诉，要求赔偿损失。开始，地方法院判决德科尔必须赔款。高一级法院复审后，作出了与地方法院恰好相反的判决，说他无罪，不用赔款，因为当时还没有制定惩治有意传播动物传染病的法律条文。有趣的是，法国农业科学院却认为，德利尔非但无罪，反而有功，并奖给他一枚闪闪发光的金质奖章。他们怕野兔泛滥成灾，影响农牧业生产。

在我国，说起兔子，人们自然会想起民间广为流传的神话故事“嫦娥奔月”。月亮中除了嫦娥、吴刚，还有一只雪白的玉兔在挥杵捣药，它竖起耳朵，直着身子，前肢执一根木杵，一上一下地在药臼里舂捣仙丹妙药，一副仙风道骨的清灵之气，给人一种超凡脱俗的美感。一个天上的星球，一个地上的动物，从此结下了不解之缘。以柔顺、洁白的兔比喻明月，称月为兔。

古往今来，不少文人墨客在诗文中，赠月以玉兔、冰兔、兔影、兔轮、兔魄等雅号，都无不有“兔”。

我国人民十分喜爱兔子，把它作为吉祥的代表，纯洁、和平的象征。《木兰诗》里写下了“雄兔脚扑朔，雌兔眼迷离”的佳句。在一些神话、寓言、童话、舞蹈、绘画、雕塑等文学艺术作品里，都少不了兔这个主角，往往都是逗人喜爱的正面形象。

现在地球上有24种家兔，34种野兔，是一种知名度很高的小型食草兽，因其毛可织高级衣料，其皮可制裘，其肉营养丰富，其内脏可制药而引起人类注目，所以当今世界养兔事业方兴未艾。

兔子没有血盆大口，没有尖喙、利爪，为了在生存竞争中不致灭种，只得提高自己的逃跑本领，故它的后肢很长，一蹦两米远，快如疾风。此外兔子也有极强的自卫反击能力。比如，天山灰兔竟能斗败苍鹰：

狡兔三窟

兔子掘洞作窝时，除了有“前门”外，还留几个“后门”。前门被堵，便走后门。万一跑不掉，被猛兽一口咬住，只要不是致命，它会舍弃一块毛皮，逃之夭夭。

苍鹰发现了草丛中的兔子，就俯冲下来，用利爪猎取野兔。这时，躲无可躲、逃无可逃的野兔仰面躺下，蜷紧后腿，在苍鹰扑下的一瞬间，它猛蹬强劲的后腿，踹向鹰腹，苍鹰突遭打击，即使不死，胸腹部也遭重创，只能狼狈逃遁。自然，兔子可怜的时候多，多数情况下它是猛兽猛禽的牺牲品。

兔子在神话里的形象是很体面的。它在中国的十二生肖里排行第四，地位不算低。在印度人的生肖里也排行第四，因为印度神话里有十二位神将，每一位神将有一种动物坐骑，而第四位神将骑的就是一只金色的兔子。

人们喜爱兔子，还爱它是个“宝”。兔的价值极高，肉是人民生活中的一种副食品，其营养丰富。兔肉含蛋白质高达 21.2%，高于牛肉、羊肉和猪肉，亦为完全蛋白质食品。因肌纤维细腻疏松，水分多，所以肉质细嫩，易于消化吸收。兔肉脂肪含量仅为 0.4%，约为猪肉的 1/150，羊肉的 1/80，牛肉的 1/25，为心血管及肥胖病患者的理想动物性蛋白质食品，其营养价值和味道都可与鸡肉比美。此外，兔肉所含麦芽糖、葡萄糖比其他动物都多，还含硫、钾、磷、钠等矿物元素。兔肉在日本被称为“美容肉”。

兔毛是纺织工业的优质原料；兔内脏是医药工业的重要原料；兔皮是皮革工业的原料；活兔还是科学研究、教学和医疗部门常用的实验动物。可见，兔与人的关系是多么密切啊！

兔在地球上生活很广，亚、非、欧、美洲都有它的身影。在我国从南至北，分布 20 多个省、市、自治区。人们根据不同需要及各地自然条件的差异，培育出了三个类型的兔子，即皮用兔、毛用兔和皮肉兼用兔，共 60 余种，200 多个品系，诸如白家兔、山羊青、长毛兔、大耳兔、银灰兔、天鹅绒兔、喜马拉雅兔、维也纳兔等都是深受人们欢迎的优良品种。

▲ 兔子

家兔的祖先是野兔，至今在我国的山林、草莽之地均有它的身影。我国养兔历史十分久远，劳动人民培育出了不少兔的优良品种，其兔种具有抗病力强、耐粗饲料、繁殖率高、易于成活、体质健壮、肉嫩皮佳等优点。兔是我国农村饲养的小家畜，其数量居世界首位。兔的毛、皮、肉及加工品远销亚、欧、美洲许多国家和地区。

兔子故事多

兔 年

按照我国农历年，2011 年春节过后是辛卯年，也就是兔年。

可是，你是否知道十二生肖的由来呢？以动物十二种分配十二支：子鼠、丑牛、寅虎、卯兔、辰龙、巳蛇、午马、未羊、申猴、酉鸡、戌犬、亥猪，谓之十二属。汉代王充《论衡》“物势”篇已载此说。梁代（502 ～ 557）沈炯创制十二属诗，从此人们以所生之年，定其所属之动物的习俗，就渐渐传播开了。

那么卯时（早晨 5 ～ 6 点钟）为什么属兔呢？因为早晨 5 ～ 6 点钟，太阳快要离开黑夜而进入黎明。但毕竟还在“太阴”（指月球）控制的时间里。而月球中唯一的动物，传说就是“玉兔”，卯时就属兔了。

兔子成灾

1859 年，在澳大利亚的维多利亚季隆地区，放养了一些由欧洲引进来的野兔，由于其惊人的繁殖力，加上没有天敌的伤害，它们的数量迅速增加，分布范围日益扩大，每年向北、南扩展 100 千米。到 1950 年，野兔已遍布整个澳大利亚。据估计，这时的野兔约有七亿五千万只，等于当时该大陆人口的 75 倍！由于兔子泛滥成灾，大量的牧草被它们吃掉（每 10 只野兔要吃掉一只绵羊的饲草），誉满全球的澳大利亚绵羊大量减少。面对这场兔灾，政府虽然动用了空军，使用了毒剂，修筑了防兔栅栏（仅昆士兰地方，就修筑了 13000 千米），但都无济于事。最后，使用涎瘤炎病毒并传染开来，造成 99.8%的野兔死亡，才将这场兔灾控制住。

白兔自燃

人体自燃的现象虽属罕见，但也有所耳闻。而在比利时布鲁塞尔一家研究所内发生的动物自燃现象还是第一次。这只白兔是预备作癌症研究的动物。据研究人员称，这只白兔只供给葡萄糖水和少量鲜奶，而笼子内外均没有易燃品放置，所以不是外在因素所致。而且据目击的一位研究人员说，在发生自燃前，那只白兔有不正常的战栗，他还用手轻轻地抚摸过它的背

兔的听觉和嗅觉

兔子的耳朵又大又长，而且能向四面转动，听觉特别灵敏，一有风吹草动，它就立即躲避起来。兔子的嗅觉不亚于警犬，它能靠嗅觉判断周围有无别的动物；母兔还靠嗅觉分辨自己的子女。

部，试图让它安静下来，却发现它的背部滚热，几分钟后便自燃起来，不久便只剩下一堆灰烬。专家说，人体自燃多由于心理或情绪不稳定所酿成的，而这些较低等的动物理应不会有此问题，但动物权人威士却说那只白兔被困笼内，不能说这些动物无情绪不稳的情况。

最大的兔子

家兔中品种最大的是佛兰芒巨兔。成年兔子平均体重 7 ～ 8.5 千克，将其前后腿伸开，脚趾至脚趾的平均长度为 91.44 厘米。不过，这一品种的兔子体重超过 11 千克的，也有可靠的报道。

1980 年 4 月，一只 5 个月大的雌性法国垂耳兔体重达 12 千克，当时这只兔子正在西班牙雷乌斯商品展览会上展出。

野兔（平均体重 1.6 千克）体重的最高纪录是 3.7 千克，这是 1982 年 11 月 20 日苏格兰人诺曼·威尔基在打猎时捕获的。

1956 年 11 月，在英国北安普敦郡韦尔福附近打死的一只山兔重 6.83 千克。成年山兔的平均体重为 3.6 千克。

最小的兔子

家兔中最小的品种是荷兰侏儒兔和波兰兔，这两种兔子成年时体重最多只能达到 0.9 ～ 1.1 千克。1975 年，法国人雅克·布洛克宣称，他将上述两种兔子进行杂交，获得了一个新的杂交品种，这种兔子体重只有 396.9 克。

生育能力最强的兔子

家兔中生育能力最强的是新西兰白兔和加利福尼亚兔。它们在生育期内每年能生产 5 ～ 6 窝，每一窝有小兔 8 ～ 12 只（野兔每年生 5 窝，每窝 3 ～ 7 只）。

耳朵最长的兔子

在家兔中垂耳族的兔子耳朵最长，而在垂耳族的四个品种中又数英国垂耳兔的耳朵最长。这种兔子的耳朵一般长 61 厘米（从一只耳朵尖越过头顶到另一只耳朵尖），宽 14 厘米。1901 年在英国展出的一只垂耳朵两耳长 77.47 厘米。

▲ 大耳兔

高原之舟——牦牛

在青藏高原，人们经常可以看到一种奇特的牛，它体型雄壮，四肢短小，身披长毛，尾似马，叫如猪。尤其是它的腹部和臀部，长有 30 ～ 40 厘米长的粗毛，宛如系上了一条特制的“长毛围裙”。这就是被人们誉为“高原之舟”的牦牛。牦牛的个体比野牛稍矮，高约 1.65 米，长约 3 米，体重约 500 千克，野公牦牛的体重有的达 1000 多千克。牦牛四肢粗短，靠近蹄处显得特别粗大。公牛特别威武雄壮，头上的角很特别，形状为圆锥形，先向头的两侧伸出，然后向上、向后弯曲。最长的角将近 1 米。

目前世界上有 1300 多万头牦牛，主要分布在中国、尼泊尔、阿富汗、蒙古、印度、不丹、巴基斯坦、锡金等亚洲国家境内。其中以我国的数量为最多。

我国牦牛主要分布在西藏、甘肃、新疆、四川、云南等省（区）境内的冈底斯山、唐古拉山、昆仑山、阿尔金山、天山、阿尔泰山、祁连山、巴颜喀拉山、横断山以及岷山等海拔 3000 米以上的高山草场上。分布的中心是喜马拉雅山脉和青藏高原。

野牦牛体形庞大，力大无比，凶猛异常。在西藏阿里东部改则县有一段“无人区”，被称为“野牦牛的王国”。每到冬季，数百成群的野牦牛聚集在湖滨平坝，一起过冬。到了夏季，它们又迁到雪线附近适合牛犊生存的地方交配生息。野生公牦牛体壮力大。据说，有一次一位驾驶员驾驶一辆解放牌汽车经过“野牦牛的王国”，一头肥大粗壮的好斗的公牦牛直奔汽车而来，竟然把满载货物的汽车撞得七摇八晃，险些翻车。

青藏高原气候条件极其严酷，即使是盛夏，中午还烈日如火，可到了傍晚，转眼间，大雪纷飞，早晚还结冰。由于海拔很高，大部分地区在海拔 3000 ～ 4000 米以上，空气稀薄，缺乏氧气。野牦牛为什么能在如此恶劣的环境条件下生活呢？

野牦牛极耐寒，适应性很强。它全身披着褐色的长绒毛，尤其是颈下和身体两侧的毛特别长，形成一个围帘，可以遮挡风雪，更适于爬冰卧雪。全身的绒毛可以随季节而变化，夏季稀疏，冬季浓密。再加上皮下脂肪层厚，汗腺少，所以能耐严寒。野牦牛的胸部极发达，气管粗短，能适应急促的呼吸。血液中的血红素和红细胞的数量也比一般黄牛高，在急促的呼吸下，血液中所获得的氧自然也比较多。正是这种长期适应自然环境而形成了独特的体质，使它能适应高原少氧的气候条件。

野牦牛一般生活在海拔3000～4000米的荒原上。冬季，它用蹄子刨开积雪觅食干草，或大规模迁移到草多的地方，夏季怕热上迁海拔5000～6000米的地方居住。常常结成几十头甚至上百头的大群。野牦牛也很凶猛，在高原上，连雪豹都怕它三分。显然，像这样一种疯狂的猛兽，要把它们驯化为温顺的家畜是不容易的。

可是，据一些史学家考证，早在殷、周之际，居住在我国西部边疆的古羌人，就已经把野牦牛驯养成为乳、肉、毛、役兼用的主要家畜了。考古发掘也证明，起码在3000年以前，居住在今青海诺木洪地区的古羌人，就已成功地把性情凶猛的野牦牛驯化成家牦牛，并编织出用牦牛毛做原料的毛布、毛绳、毛线、毛带等，销售到中原地区。

古羌人还对牦牛进行了杂交改良，让牦牛与黄牛杂交，繁殖出了乳、肉、毛、役都优于牦牛的犏牛。这种牛不但性情温顺，产乳量高，而且耕犁、驮运的能力也远胜于牦牛，只是不能自己传种。

牦牛是生长在高原上的一种特有牛种，是役、乳、肉、皮、毛兼用的家畜，经济价值很高，又是藏族人民的主要运输工具。

▲ 牦牛

牦牛食性粗放，力气大，善爬山，耐高寒。一头用来驮运的牦牛，一般能负重40～50千克，有的多达100千克。每天行走20～25千米，不需休息，有时可以连续几天不吃不喝，驮运如常。牦牛的脚趾有一块坚韧的软骨，在崎岖不平的山路上行走自如。平时马跑得比牦牛快，但在海拔五六千米以上的高寒地区，由于空气稀薄，马反而跑不过牦牛。尤其在雪原中和冰河上，牦牛比马行进稳当，老牧民翻越雪山或横过冰河时，宁愿骑牦牛而不骑马。在大雪封山的时候，藏族牧民往往让牦牛先行。牦牛能用蹄和嘴扒开积雪，开辟前进的道路，而且牦牛识途，是牧民可靠的向导。最有趣的是，牦牛过草地沼泽，可以像船一般浮起自己的身体，贴着沼泽表面慢慢吞吞地跨越过去；如果陷得深了，它会自动停止前进，另辟新路。正因为牦牛有这么多优点，所以藏族牧民亲切地称它为“诺尔”（宝贝之意）。

鄂温克人的林海之舟

坐落在大兴安岭北部的敖鲁古雅，是少数民族鄂温克人居住的一个乡。直到解放初期，他们还处在原始社会末期的历史阶段，过着“放火寻鹿角，烧荒引野兽”的游猎生活。

如今已今非昔比，这里已经形成了一座城乡结合的小镇。与一般城镇不同的是，它仍然带有旷野的味道。这里青松环绕，两条大河——激流河和下乌力吉气河分别从村里流过，原始森林中不知名的野花散发着特别的清香。敖鲁古雅没有噪音，也没有烟尘污染，空气新鲜极了。这里的建设是按照林区城镇的特点和民族特点规划的。一排排整齐的砖房，中间隔着松树和白桦树，马路修得平坦笔直。民族贸易点、学校、银行、医院、邮局……一应俱全。此外，还发展起了为狩猎生产和皮革加工服务的轻工业。

在鄂温克族语中，“鄂温克”的意思是“住在大山林中的人们”，“敖鲁古雅”的意思是“杨树林茂盛的地方”。鄂温克人迁到敖鲁古雅定居是1965年的事。

现在，鄂温克人仍然是我国唯一的狩猎和饲养驯鹿为生的民族。在狩猎上，鄂温克人的本领真是令人叫绝。无论是重达千斤的犴达羊，还是灵巧机敏的小麝、傻乎乎的棕熊、恶狠狠的金雕，鄂温克人都能手到擒来。

居住在大兴安岭森林里的鄂温克人，家家养三五条猎狗。他们的猎狗训练有素，忠实可靠。打猎时，鄂温克人发现了野兽的踪迹，唿哨一响，猎狗立即追逐，几里几十里地穷追，或者捕获猎物，或者自己倒毙，绝不半途而废。野兽无影无踪，只要爪印蹄迹在，主人判断后命令猎狗搜寻，猎狗迟早都能够俘获。貉、马鹿、松鼠、猞猁等最惧怕猎狗，一旦猎狗穷追不舍，它们总是难逃被擒的命运。

鄂温克人训练猎狗有一套办法。小狗刚满1岁，便带它去逮松鼠。出发前照例不让猎狗进食，饥饿的猎狗才会主动地搜索野兽。射死的第一只松鼠，即时剥皮丢给猎狗。猎狗贪婪地吞咽美味。自此对松鼠的臊气无比敏感，不管体小毛厚的松鼠隐匿在哪儿，它都能很快找到。

在大兴安岭森林里鄂温克人的猎庄周围，人们常常会看到一群群长着犄角、健壮活泼的动物，在密林和岩石间追逐嬉戏，咀嚼苔藓，那就是鄂温克人饲养的驯鹿。

驯鹿长着鹿角、马面、驴身、牛蹄，俗称“四不像”。

驯鹿原为野生动物。后来，被鄂温克人逮回部落围栏喂养起来，年复一年，变成了鄂温克人的“家畜”。驯鹿喜食苔藓。雪花纷飞的隆冬，驯鹿能扒开一米深的积雪吃苔藓。除苔藓外，蘑菇和浆果也是驯鹿的美味佳肴。由于它善于在积雪、密林、沼泽中长途跋涉，生性又温顺，就成了鄂温克人的“林海之舟”。打猎时要它驮运猎物，搬家时要它驮载家当和供妇女小孩骑乘，下山购买粮食和其他日用品，也得靠它驮运。

驯鹿的奶，可以做成各种可口的奶食。妇女生孩子缺奶时，还用驯鹿奶喂养婴儿。人们说鄂温克人是吃驯鹿奶长大的，这话并不假。饲养驯鹿的鄂温克妇女则像疼爱孩子一样照管驯鹿。四五月间，驯鹿产子，她们整天守护在母鹿跟前；夏季每天为驯鹿驱蚊，碰上节日，还要给驯鹿披红挂绿，带上光闪闪的铜铃。倘若死了一只驯鹿，妇女们都会心疼得哭哩！

鄂温克人世代生活在大兴安岭的深山密林里，以狩猎和饲养驯鹿为生。驯鹿和人很亲密，不咬人也不踢人。人们每当敲击着猎民用鹿蹄壳做成的盐罐时，喜欢舔盐的驯鹿一听到这熟悉的声响，都会迅速围拢起来，争着把盐舔光，并且依偎着不肯离去。

▲ 驯鹿

驯鹿的高大茸角宛如珊瑚枝一样美丽。鹿科动物中，一般雄鹿有犄角而好斗，温和的雌鹿则无犄角。唯独驯鹿例外，雌雄都长有茸角。从前，鄂温克人虽然知道饲养和役使驯鹿，却不知道茸角的用途。现代科学证明，驯鹿茸药用价值很高，可以和鹿茸媲美。

林海之舟——驯鹿有厚厚的油脂和皮毛，露宿在－40℃的寒夜里也冻不坏。它吃的是苔藓，在森林里也饿不死。它能拉100千克的雪橇，能驮40多千克的重物，日行二三十千米。遇到沼泽地，它能一步步轻捷地跳着走，保证陷不下去。不过它那跳跃的姿势，犹如跳神似的，滑稽可笑。让我们衷心地祝愿鄂温克人的老朋友——驯鹿的家族兴旺发达！

鼠害的教训

老鼠家族的怪事也很多，13 世纪时，一支忠于基督教的战舰，每当朝圣返回时，不断从船舱里带回一些玄鼠。它们上岸后，便向当地的赤棕鼠发动进攻，战斗十分顺利，赤棕鼠乖乖就擒，最后终于绝种，玄鼠从此统治了欧洲。

然而，恶有恶报，到了 18 世纪，亚洲大陆有一种褐家鼠，学名叫“挪威鼠”，它们取道斯堪的纳维亚半岛进入欧洲，又随货船横渡大西洋来到北美。它们所到之处，便向原来的“占领者”玄鼠展开了“夺粮斗争”。双方各有伤亡，互有胜负，谁也无法将谁消灭。后来经过“谈判”，签订了一个奇怪的“协定”——和平共处。屋顶、楼阁、顶棚是玄鼠的“地盘”；地窖、污水管等处是褐家鼠的“天下”。就这样，地面和天花板之间便成了它们各自的“自由地带”。

另外，褐家鼠有自己的一套“纪律”，雌鼠之间一律平等，雄鼠分为三个等级。其中阿尔法鼠是雄鼠中的上层分子，掌握生杀大权。贝塔鼠，低一个等级，它在阿尔法鼠面前表现得卑躬屈膝。欧米伽鼠是最下等鼠，即使遇上贝塔鼠，也会吓得发抖。

不管是哪个等级的老鼠，都是人类的大敌，它们一刻不停地向人类发起进攻。

意大利首都罗马市公共卫生局公布，这个城市的老鼠已达 1500 万只，平均每个罗马城人有 6 只老鼠。这些老鼠不但毁坏衣物，传染疾病，而且还成群结队地向婴儿们发动进攻。有一年，有几十名不满周岁的婴儿被老鼠咬伤致死。

罗马市的老鼠主要有两种：一种是传播鼠疫的黑毛鼠，体重约有 300 克；另一种是喜欢在阴沟里生活的褐色毛的老鼠，这种老鼠身长 50 厘米，体重约 800 克。它们都是钩端螺旋体病、沙门氏菌病和斑疹伤寒病的主要传播者。

为了消灭老鼠，自 1977 年以来，罗马市民广泛开展了灭鼠活动，但收效甚微，因为这些老鼠的繁殖能力很强。据估计，一对老鼠在 3 年内可以繁殖 25 万只！

有一年，在澳大利亚 1600 多千米的肥沃地带被千百万只老鼠搅翻了天。许多农田里的 80%的冬小麦被这些啮齿动物完全毁掉；向日葵、高粱和大豆等夏熟庄稼被啃得满地狼藉。这些万人嫌的小动物翻墙、打洞、游泳、跳高，无所不能，无所不在，也无所不啃。塑料制的水桶、防雨布、管道、电线、冰箱等都被啃得千疮百孔。

老鼠繁殖得太快了。一对老鼠在 5 个月内可以繁衍后代 500 只。因此在夜间往往能看见成群的老鼠奔跑。距悉尼市 320 千米的杨镇，有一次一架飞机着陆，犹如降落在老鼠的海洋里。

居民们被老鼠搅得不得安宁，熟睡的人常常被爬到脸上的老鼠吓醒。打开食橱，经常碰见一只或几只老鼠跳出来。更使人哭笑不得的是，当一位电视播音员对摄像机讲话时，一只老鼠钻进了他的裤管里。

在日本，1973 年有 75000 公顷的森林被田鼠毁坏；在前苏联的北天山杉林区，落到地上的杉树种有 60%被鼠类毁掉，使这种树的繁殖发生困难。

▲ 老鼠

美国的克恩县素以气候温和、土地肥沃闻名遐迩，当地居民大多是以种植小麦和放牧羊群为生的农场主。他们年年在约 10000 公顷的湖滩地上播种小麦，每四年大丰收一次，日子过得蛮不错。

20 世纪初，农场主集中在一起商讨，怎样才能收获更多的粮食。他们以为，如果把本地区的“有害动物”消灭干净，情况会更好。于是，他们准备好枪支、捕兽器、毒饵，向狐狸、臭鼬、黄鼬、猫头鹰、雕鸮和蛇开战了。

经过几年的捕杀，上述动物基本被消灭干净。1926 年获得特大丰收，收进粮仓的麦子比以往任何一年都多。可是不久，人们发现，在湖滩地里，由于散落了许多麦穗和麦粒，田鼠迅速繁殖起来。据粗略估计，约达 1 亿多只，许多田鼠还跑出湖滩地，另觅新食源。当时，农场主以为，那么多的“有害动物”都被消灭了，区区小田鼠还有什么难对付的呢？

1927 年初，冬天来临，温度下降到 0℃。田鼠几乎全部跑出寒冷的麦地，转向温暖的地方，寻觅高热量食物。灰褐色的田鼠一起向外跑时，据目击者说，铺天盖地，像是田野和山丘在移动。成千上万只田鼠窜入粮仓，冲进羊圈，四处骚扰，闹得鸡犬不宁。人们用毒药作诱饵灭鼠，失败了，又运来一车皮饿猫。但是，猫很快肥胖起来，而且变得很懒，只要肚子不饿，就不愿多捕一只田鼠。

最后，从华盛顿请来 25 位灭鼠专家，并花了巨款紧急订购 40 吨拌有大量烈性毒药马钱子素的苜蓿青贮饲料。他们在湖边搭起帐篷，从 1 月中旬起奋力灭鼠，到 2 月底才控制了鼠害。

鼠害总算平息了。但是，为了恢复当地的生态平衡，农场主们又花费了大量的人力、物力和财力，请回了老鼠的天敌——狐狸、臭鼬、黄鼬、猫头鹰、雕鸮、蛇等。这个教训，至今仍然是值得人们记取的。在用各种手段灭鼠时，千万要保护好老鼠的天敌！

长达几千年的人鼠之战

今天人们常说的“白猫黑猫，捉到老鼠就是好猫”，经过考证，它是“黄狸黑狸，得窜者雄”这句古成语的现代说法。黄狸黑狸者，黄猫黑猫也。猫是专捉老鼠的。由于老鼠有极高的繁殖率、顽强的生命力和高度的适应能力，因此使人类在这场延续了几千年的人鼠之战中，至今未能取胜。据联合国有关官员估计，全世界的老鼠有100多亿只，是地球上人口的两三倍。人类尽管有意无意地消灭了许多物种，并使凶猛的动物俯首帖耳，但对老鼠的为害却深感头痛，甚至束手无策。

据记载，人类历史上发生的几次大的鼠疫，夺去了约3亿人的生命，远远超过历史上直接死于战争人数的总和。就拿19世纪末发生的鼠疫来说吧，它波及30多个国家，仅英国伦敦的死亡人口就达10万人，而亚洲死亡了5000万人！

近半个世纪以来，由于生态平衡失调，老鼠的天敌大量被捕，致使老鼠越来越猖獗，它是如今使世界各国政府感到最难对付的“敌人”。

为了对付这讨厌的老鼠，1982年美国国务院专门成立了灭鼠领导小组。瑞士政府贴出布告：凡上缴一条鼠尾者，奖励47美分。墨西哥首都规定，每人一年必须灭鼠两只。印度尼西亚的一个州政府规定，男子结婚前必须打死25只老鼠，否则不准结婚。印度每年要大规模开展灭鼠运动。泰国政府为了推动消灭田鼠工作，在全国范围内大力提倡吃田鼠肉。1981年春，美联社、法新社先后报道，有成千上万只老鼠从尼罗河谷侵入埃及首都开罗，严重毁坏沿途的庄稼、果园，袭击人畜，当地居民一片恐慌。埃及政府被迫“对鼠宣战”，并得到德国、英国、巴西、匈牙利等国的国际援助。我国也把老鼠列为“四害”之首，多次动员全国人民大打灭鼠之战。当今的人鼠之战，真可谓“全球大战”。

人鼠之战已经延续了几千年，为什么老鼠总是“斩不尽，杀不绝”呢？

在所有的哺乳动物中，数量最多、分布范围最广的，要算老鼠了。尽管人们在不断地灭鼠，猫、蛇、黄鼠狼、猫头鹰等许多老鼠的天敌也在时时刻刻地威胁着它们，但各种鼠群依然“无忧无虑”地生存着，有些老鼠甚至变得越来越猖獗。

关键是老鼠适应环境的能力强，有惊人的繁殖力。据泰国一位农业专家说，一对田鼠一年内可以繁殖1200个子孙。我国生物学家研究认为，在我国最常见和危害最大的褐家鼠、小家鼠等，一对一年总繁殖量可达200～700只。父生子、子生孙，子子孙孙，其繁殖量确实是惊人的。据有关防疫部门调查，如果采取群众性的突击灭鼠措施，7 个月后老鼠又可恢复到原有数量级。如果措施不力，哪怕消灭一半，不到 3 个月，便可恢复到原有的种群水平。

使人惊愕的是，它能够经受核屠杀的威胁。第二次世界大战以后，美国在西太平洋埃尼威托克环礁的恩格比岛试验原子弹，炸出一个巨大的弹坑，扫平了所有的草木。一阵阵蘑菇云，不断释放出致命的放射线。几年后，生物学家来这里调查，发现岛上的植物和暗礁下的鱼类以及泥土里含有放射性物质，但岛上的老鼠既没有残废，也没有畸形，而且长得特别壮。虽然老鼠的洞穴对核放射能起一定的防御作用，但老鼠能够经受核放射的考验，在生理上也确实有独特之处。

鼠 疫

鼠疫是由鼠疫杆菌引起的烈性传染病。一般先在家鼠和其他啮齿类动物中流行，由鼠蚤叮咬而传染给人。常先引起淋巴结炎，严重者病原体侵入血液，引起败血症或肺炎。后者也可经呼吸道传播而致病。主要有高热、出血倾向、极度衰竭等以及有关的局部症状。

几十年来，人们用各种药物来杀灭老鼠，开始效果还不错，但渐渐地这些药物的作用越来越小，甚至有些老鼠竟然完全不怕老鼠药了。科学家经过实验发现，这些老鼠已经产生了抗药能力，这种能力还可以遗传给幼鼠。老鼠这种极强的适应能力，使科学家感到惊奇不已。

老鼠究竟有什么奇特的本领，至今还没有人能够做出完整的、科学的回答。这个奥秘一旦揭开，消灭老鼠也就不难了。而且人们还能从中受到启发，找到人类保健的新方法。

采取各种灭鼠方法都不能取得令人满意的效果之后，科学家研究出了一种新灭鼠方法——微生物灭鼠。这种方法是：把对人、牲畜和家禽没有害处，只对老鼠有致病性的细菌或病毒引进老鼠体内，让它感染，造成老鼠之间的流行病，从而消灭老鼠。一般用药半个月左右，老鼠就一只一只死去，一次药效可达半年左右。用微生物杀死老鼠与化学防治鼠害相比，花钱少，大约能节省 75%，并且使用方便，已经引起各国重视。各国正在大力展开这项研究。在这方面，俄罗斯、澳大利亚都取得了良好的效果，我国近年来也取得了可喜的成果。

▲ 传播鼠疫的老鼠

奇鼠大观

踩不死的鼠

尼日尔的阿德拉有一种“扁鼠”，它的肌肉特别肥厚松软，脊骨细小柔软，狭小的心脏紧贴在下腹部。当人们用脚踩它时，它的骨骼会挤向一边，内脏挤向另一边，全部压力都由肌肉来承受，人的脚就像踩在松软的橡皮上，稍一抬脚，它便溜走了。

不怕烫的鼠

希腊的维库加地区有一种在热水中生活的“沸鼠”。这里有一水温在 80℃～90℃的热泉，沸鼠在泉水里非常活跃。如果将沸鼠放在常温下，反而会很快地死去。

会滑翔的鼠

斯里兰卡有一种会滑翔的鼠。它生活在林间山谷，不仅善于爬树、登山，而且能从高处往下做短距离的滑翔。它能随时捕食林间的小鸟，用来充饥。

可照明的鼠

在西班牙斐加特有一种山鼠，可制成“鼠烛”用来照明。这种山鼠的腹部有一油腺囊，分泌出一种透明无味的油液，当地人捕到这种鼠后，抽出油液，掏尽鼠的内脏，将鼠晒干或烘干后，便可用铁棒从鼠口插入，再倒入抽出的油液，放上灯捻，缝合鼠口，便制成一支可照明 3～4 小时的“鼠烛”。

作燃料的鼠

坦桑尼亚的基戈马地区，人们经常捕捉老鼠，将捉来的老鼠晒干作燃料。这种老鼠叫火鼠，因为它脂肪含量特别高，约占体重的 80%，所以能熊熊燃烧。这种鼠真像“活煤块”。

会捉猫的鼠

非洲有一种捉猫吃的鼠。这种鼠的模样跟家鼠差不多，只是嘴边上有层壳，很坚硬。它有一种特殊的内分泌器官，能分泌出一种液体，挥发出一种叫“麻磷气”的毒气。它捉猫时，发出的气味使猫嗅到后麻醉

《老鼠的诞生比人类早》

老鼠的诞生比人类还早。据古生物学家从化石中研究追溯，原始人类出现在距今一千两百万年的上新世，而老鼠却出现于距今三千五百万年的渐新世，它比人类早两千三百万年呢！

不醒，瘫软无力。那时鼠跳过去，用锐利的牙齿咬其喉管，把血吸尽。

抗蛇毒的鼠

在美国西部有一种抗蛇毒的“森林鼠”，它竟与响尾蛇同穴而居，即使被响尾蛇咬伤，也安然无恙。“森林鼠”血液中有一种抗蛇毒“因子”。科学家认为，这种“因子”很可能是一种酶。当它被蛇咬伤时，这种酶就会将蛇毒包围起来，吸收它，从而达到解毒目的。

会充气的鼠

在南美原始森林里，有一种会自己充气的鼠。它们遇到“敌人”时，便使身体变得如充满气的足球，令对手无计可施。过河时，充气鼠又像一艘充气的橡皮艇，晃晃悠悠地渡过河去。

会游泳的鼠

瑞士有一种鼠，堪称“游泳健将”，它一口气能游几千米或几十千米，还能潜入水底数小时之久。不少保卫部门专门驯养这种鼠用来打捞海中遗失物品。

▲ 老鼠游泳

拱桥状的鼠

非洲赞比亚有一种身躯庞大的拱桥鼠。其背呈拱形，下面有锁骨支撑。它伏在地上，极像一座石拱桥，即使一个60千克的人站上去，它也无动于衷。

不怕冻的鼠

在俄罗斯雅库库特地区，钢铁冻得像冰一样脆而易折，但生活在那里的一种野鼠照样出没于冰天雪地之间，怡然自得。

会跳舞的鼠

日本有一种有趣的老鼠，它们会跳“华尔兹舞”。它们一圈又一圈地旋转，好像在追逐自己的尾巴。

当演员的鼠

瑞士巴塞尔“毛斯”马戏团最小的演员，便是几只老鼠。当你看到猫和老鼠表演“走钢丝”，看到老鼠坐在猫后腿上，向观众致意的场面时，谁都会开怀大笑。

老鼠当上了探雷兵

多少年来，人类消灭老鼠的努力一直没有结果，开始人们把失败归咎于不断增强的老鼠对鼠药的抵抗力，但最近科学家们认为这与老鼠的智商特别高是有关系的。

据报道，灵长类动物的大脑呈螺旋状，但是老鼠的大脑却是一片平滑，不过，这一点不影响老鼠具有惊人的智慧。科学家指出，老鼠的适应力暗示它们有极精巧的神经系统，在一个城市投放一种新的老鼠药，几个小时内，消息就可以传遍各个鼠群。人们开始使用鼠药之后，老鼠曾经无法应付，但是如今它们都知道寻找富含维生素E的食物来吃，因为这种物质有助于解毒。

老鼠还有一种特殊的能力，可以把对新事物的厌恶传给下一代。老鼠生来很谨慎，第一次吃到新鲜的东西，它绝不吃致命的分量，而且一旦发现稍有不对劲，就不让其他的老鼠接近，从而保护了整个鼠群。

老鼠虽然被列为“四害”之首，但它却不是一无是处，仍有利用价值。

老鼠皮柔软有光泽，可以制裘，尤以东北大兴安岭与新疆阿尔泰山的灰鼠皮质量更好，在国际市场上享有一定的声誉。

鼠毛水解后可以制水解蛋白，也可以制成胱氨酸、半胱氨酸等药品。

鼠肉可以喂貂，还可以喂动物园里的狮、虎、豹、大小灵猫，供蛇场喂养乌梢蛇、五步蛇、银环蛇、眼镜蛇等。为食肉动物的饲养开辟了廉价的饲料来源。鼠肉还可以适当喂鸡鸭。鼠肉烧熟之后，可以适当搭配喂猪，饲养黄鼬。不但如此，鼠肉还是粤味佳肴哩！据营养学家研究，鼠肉的营养价值超过牛肉。东北有种麝鼠，俗称青眼貂、大水耗子，个大体肥，每只重一两千克，肉嫩鲜美，味道跟鱼肉差不多。

老鼠是医学研究工作的得力助手。老鼠的生命周期短暂（一般活不到一年以上），因此可以在短时期内跟踪观察许多代的遗传，这对研究人的生长和衰老问题提供了可借鉴的范例。老鼠是一种理想的试验室动物。美国用于医学和心理试验的小白鼠每年达到1800万只。

老鼠个子小，嗅觉敏锐，动作灵活，上蹿下跳，如履平地。根据这些特点，人们训练它来代替警犬做侦察工作。经过专门训练的老鼠叫“警鼠”，能在机场或飞机上检查旅客的包裹里是否藏有炸药或其他违禁品。在美国的哈里森，就有一批经过实验、训练“毕业”出来的老鼠，它们奔赴各种“工作岗位”。让这些老鼠趋利避害，使它们再不是偷吃食物的害人精，而成为有用的动物。

尤其令人惊讶的是，耗子竟然当上了探雷兵，而且工作得十分优异。

我们知道，地雷是一种杀伤力相当大的防卫武器，因此，不论大小战争，交战双方常常为了防守而在阵地上布雷。但是，战争结束后，双方布下的地雷又往往给军队或当地居民造成了极大的威胁。因此，扫雷工作以及作为扫雷之前的探雷工作，也就成为战后的一项繁重而危险的工作。

迄今为止，有个别国家虽然开始用训练有素的军犬从事这项危险的工作，但是，目前的扫雷工作主要还是依靠扫雷部队利用电子磁力探测器探明后加以拆除或引爆。当然，在扫雷的全过程中是无法避免伤亡事件发生的。为了解决探雷问题，美国一位名叫罗兰的军医创造了一种新的方法——老鼠探雷法。

▲ 老鼠探雷

那么，怎样利用老鼠去探雷呢？原来，能代替人去探雷的老鼠是一种经过特殊训练的老鼠。罗兰医生先把一个微型电极植入老鼠的丘脑（大脑中产生畅快感的中心），然后把老鼠放在一个特制的笼子里。笼子里有一根木棒，当老鼠掀动木棒时，连接木棒的活阀便打开，放出强烈的黄色炸药气味。老鼠一旦嗅到这种气味，脑袋里的电极便发出电波刺激老鼠的丘脑，使老鼠得到高度畅快感并发出强烈的脑电波。这样经过反复的训练，那只老鼠便成了一名“优秀的探雷兵”。

在进行扫雷探测时，老鼠身上还要安上一个微型电脑，再由一辆有遥控装置的车辆把老鼠运到雷区。当老鼠嗅到地雷的火药味时，身上的微型电脑便将电脑波录下来，然后用无线电波发回遥控车上的总电脑，于是，地雷的位置便可准确地确定下来了。据称，罗兰所发明的这个办法经过试验已经取得了良好的效果。

德国《世界报》报道，名字叫“纳尔逊”和“关塔那摩”的两只老鼠充满了干劲儿。它们正沿着绳子走向工作场地。“纳尔逊”和“关塔那摩”是两只大田鼠，曾在莫桑比克受训辨别炸药的气味。因此，它们能发现埋藏的地雷。一旦找到地雷，它们就开始挖土。受过培训的排雷人员随后可拆掉地雷的引信，挖出地雷。

实践已经证实：老鼠是优秀的探雷兵。目前，扫雷设备只能准确发现金属外壳地雷，而老鼠根据炸药探雷，即便地雷已埋藏多年也可被它发现。比利时的扫雷组织在莫桑比克首都马普托以南 1200 千米处的希莫尤附近对老鼠进行 6 ～ 12 个月的扫雷训练。该组织称，用老鼠扫雷比使用人工设备便捷得多；老鼠容易养活，便于运输。

为尖端科学献身的小老鼠

登火星小老鼠打先锋

据英国《每日电讯报》报道，在美国总统布什雄心勃勃地宣布实施“火星计划”后，欧洲航天局也不甘落后，紧跟着宣布了将在 30 年后将欧洲宇航员送上火星的“曙光女神”计划，欧美太空竞争已经初显“白热化状态”。美国宇航局科学家宣布，他们将耗资 2200 万美元将 15 只实验鼠发射到地球轨道上，让它们在“模拟火星重力”的太空实验舱中生存 5 周，为人类的“火星实验”搜集重要数据。美国科学家称，这项实验对于这些老鼠来说，也许是“一小步”，但对于人类的移民火星之梦，却可能是一个“巨大的飞跃”。

据报道，这项用老鼠作太空实验的计划被称作“火星重力生物卫星计划”。在该计划中，15 只千挑万选出来的“太空老鼠”将乘坐一艘 1 米长的宇航船，被发射到近地轨道上，老鼠们乘坐的飞船将在太空通过旋转的方法，模拟出等同于火星表面的重力状况。15 只老鼠将随太空飞船在地球轨道上运行 5 周，科学家将通过搜集实验数据，研究火星表面“局部重力”状况将如何影响哺乳动物的身体和器官功能。5 周后，这艘飞船将返回地球，并通过降落伞和气袋安全降落在澳大利亚的内陆地区。

尽管这并不是科学家第一次将老鼠发射进太空，但却是科学家第一次对局部重力状态下的哺乳动物健康状况进行系统研究。美国麻省理工学院、美国西雅图的华盛顿大学和澳大利亚昆士兰大学的科学家将联合进行这项研究，负责这次“火星实验”的美国麻省理工学院的科学家沃斯特说：“到目前为止，局部重力对哺乳动物的身体影响，科学家所知甚少，我们唯一拥有的局部重力数据，还是从 30 年前几名‘阿波罗’计划中登月的宇航员身上获得的，当时他们曾在月球表面待过数天。”

然而，科学家在月球上搜集的重力数据显然不能用在火星上，因为月球重力是地球的 1/6，而火星重力却是地球的 1/3，在国际空间站工作的宇航员，几乎不受什么重力影响，因而他们大多遭遇了诸如骨骼疏松、肌肉消损等严重的健康问题。沃斯特说：“尽管火星重力是地球的 1/3，但我们相信，第一批登陆火星表面的宇航员可能仍将遭遇同样的健康问题。科学家目前尚不清楚，火星上的局部重力是否比国际空间站的微重力状况更有利于宇航员的健康，是否足够防止宇航员遭受致命的健康危机，不过，我们相信这一组老鼠将可以为我们提供第一手答案。”

万只小鼠投入基因诊断

一支由10000只特殊小老鼠组成的“特种兵部队”已被征召来参与一场对付人类疾病的战争。这些小老鼠由慕尼黑哺乳动物遗传学研究所培育而成。它们具有同罹患糖尿病、类风湿关节炎和某种肿瘤疾病的人相似的DNA突变体。研究人员希望通过研究小老鼠症状与DAN突变体之间的关系，找到隐藏在许多人类疾病背后的遗传原因，从而获得正确治疗方法的线索。例如，慕尼黑老鼠将帮助人们理解基因序列数据显示的异常现象，并将它同人类疾病症状的原因联系起来。

与研究所合作开展工作的海克萨根公司正建立起一条DNA序列生产线，一天可分析成百个样品，来寻找可疑基因中的细微变异或多态性。专家们认为，许多疾病都并非由于DAN的巨大变化，而是由于其微小的自然变异而造成的。

他们只是将健康人与病人的DNA样品进行比较，以显示哪些基因与某一特定疾病有关。一旦致病突变体被识别以后，研究人员就立即转向具有相似突变体的慕尼黑小老鼠的某一群体。

一般情况下，研究每个基因要5个不同家系的小鼠，每个家系携带一个不同的DNA突变体。小鼠的发育史将可显示它们具有的突受体是否像人类身上的这些突变体一样有害。果真如此的话，进一步研究就可揭示这种疾病是如何发生的，并将药物试用于小鼠以观察其疗效。

用这种方法研究的疾病最初集中在糖尿病II型，后来也用于研究自我免疫性疾病如类风湿关节炎。但从理论上说，任何疾病的治疗都可以参考这种研究小鼠群体的方法。

▲ 科学实验用鼠

小鼠是用取自单个家系的雄鼠的突变精子育成的。这些小鼠同时都携带有来自母鼠的基因的正常版本，以弥补来自父鼠的DNA突变，因而都比较健康。研究人员对每一小鼠家系中发生的基因突变体进行记录。他们也记录下每一只小鼠的100个健康指标的数据，从血糖水平、血象到皮毛颜色。绝大多数小鼠看上去都还正常，只是有的尾巴扭曲，或毛皮有斑点。

人类可靠的朋友

老虎看家

巴西里约热内卢地区盗窃成风，军警也无能为力。有一家庄园驯养了一只叫“桑巴”的母老虎，日夜蹲在庄园门口看家。主人到家，或以食物行赏，它摇尾点头，以示欢欣。要是陌生人来了，则总是虎视眈眈；陌生人要是扔东西给它吃，它更是吼叫不止，拒绝引诱。

聪明的猪

人们总认为猪是蠢笨的动物，其实它颇为聪明。前苏联卫国战争时期，一支游击队为了突破敌人的阵地，专门训练了一头猪，让它到敌人设置的雷区去探雷，结果敌人布的雷全部都被探明排除。

前不久，美国得克萨斯兽医学会将一头名叫普里西拉的小猪恭恭敬敬地写入宠物荣誉堂的名册里。有一年年底，3 个月大的普里西拉随同 11 岁的小主人安东尼·麦尔顿在赫斯顿湖里游泳。安东尼忽然感到一阵惊慌，往水下沉去，他惊恐万状地大声呼救。小猪听到主人的呼救，迅速游了过来，用前蹄轻推主人，似乎示意他抓住自己脖子上的项圈，然后拖着主人直接往岸边游去，安东尼得救了。

机灵的小警鼠

美国和西欧一些国家的警方机构培训了一种警鼠，把警鼠放在海关桌上的小铁笼内，如有人携带爆炸品过关，它就会不停地跳跃；把警鼠放到飞机、汽车和轮船上，它会钻进缝隙寻找恐怖分子暗置的定时炸弹。

三条腿的狗救主

蒂亚是一只三条腿的狗，它是在一次事故中失去了一条腿的，可是这绝不影响它干出惊人的举动。

冬天的加拿大寒风凛冽，刺人肌骨，6 岁的蒂亚跟随主人林格尔和主人的好朋友帕克一同在位于拉布拉达半岛的尼姆基什河一带猎野鸭。突然，一阵暴风雨袭来，打翻了他们乘坐的小船，船底朝天，他们一起跌入波翻浪卷、冰冷刺骨的河里。吸足了水分的棉衣拽着林格尔他俩直往下沉，他们死死抓住船舷，不住地祈求上帝保佑。突然，奇迹发生了，船慢慢地开始移动，林格尔定睛一看，原来是蒂亚咬着船上的缆绳往河岸死命地游去，一直拉了 800 多米，总算脱离了危险。

小猫报警

▲ 猫报警

家住加拿大多伦多的罗兰·多克莱伦养了一只猫，取名凯利。多亏了凯利的警觉，警方才逮住了强奸未遂犯。一天午夜，凯利听到后门传来阵阵撬门声，原来一个歹徒觊觎罗兰的姿色已久，持械撬门企图入室强奸。主人正在熟睡，凯利蹿到主人床头并跳到她身上刺耳地尖叫起来，罗兰被惊醒，知道将要发生危急情况，因为过去凯利从未这样叫过，她立即拨了报警电话。警察赶来后，当场抓住了那个还在撬门而浑然不知的歹徒。

马救老妇人

在加拿大安大略省的钮马凯特，一位 77 岁的老妇人昏倒在一条冰雪覆盖的沟里，当时周围没有一个人，谁也不知道这件事，如无人救治，老人必定会死在沟里。就在这个节骨眼上，在附近的一家牧场里溜达的一匹叫“印第安红”的老马发现沟里躺着人，便立刻跑到主人那里，它嘶叫着，使劲摇摆着头，并且把主人引到老妇人躺着的那条沟里。“印第安红”的聪明和“善举”使这个老妇人得到及时救治，脱离了危险。

鲸鱼和海豚、海龟救人

在澳大利亚的一条河上，一个大人和两个小孩在泛舟，不幸被激流冲进了印度洋。就在这危急时刻，一条大鲸鱼游来，3 个人骑到鲸鱼背上，直至被人救起，鲸鱼才游走。

无独有偶。1983 年的一天，荷兰一位飞行员在飞机出故障后跳伞落海。在他精疲力竭时，一条海豚出现在他身边，用鼻子推着他游了 10 海里，直到被人发现将他救起，海豚才悄悄地离去。

“阿罗哈”号客轮不幸失火沉没。有一妇女在水面上漂游了 12 个小时，正在绝望之时，有两只海龟游来把她托出水面，直到救护艇把她救起，海龟才游走。

动物生命的寿限

动物的寿命究竟有多长呢？

据记载，亚洲象的长寿纪录是 78 年。创造这一纪录的是一头名叫“莫多克”的母象。它是 1898 年美国从德国进口的，当时这头亚洲象为 2 岁。1975 年 7 月 15 日它在加利福尼亚的圣克拉拉死去。

斯里兰卡最著名的公象“拉加”于 1988 年 7 月 16 日去世。自 1931 年起，每年在康迪举行的宗教游行活动中都是由它驮着佛牙的。它死时据说 81 岁。

最长寿的灵长目动物是一只叫“格瓦斯”的雄猩猩，它活了 59 岁。它于 1931 年 5 月 1 日被美国费城动物园收养，当时至少 13 岁，1977 年 2 月 9 日死去。

有记录的最长寿的黑猩猩是美国纽约塞尼卡动物园里的一只名叫“杰米”的雄性黑猩猩。它死于 1985 年 9 月 17 日，死时 55 岁又 6 个月。

著名的东低地大猩猩“马撒”（出生于 1931 年 7 月）死于 1984 年 12 月 30 日，死时 53 岁又 5 个月。

▲ 长寿的大猩猩

世界上年龄最大的猴子——一只名叫“鲍鲍”的雄性白喉僧帽猴于 1988 年 7 月 10 日死于中风并发症，死时 53 岁。这只猴子最初是从南美洲引进的，1935 年 1 月 1 日被捐赠给设在美国印第安纳州埃文斯维尔的梅斯克动物园。当该动物园遣散其猴群时，这只猴子被美国氨其氰公司的雷蒙德 · T. 巴斯特先生所获得。巴特斯先生是该公司老年病研究项目的专家。自 1981 年 10 月 31 日起，这只猴子就一直栖居在老年猴类聚居地直到去世。

1969 年 4 月 23 日在苏格兰设得兰群岛附近打死了一头雌性灰海豹，根据其牙质圈推算，这头灰海豹至少有 46 岁，是鳍脚类动物最长寿的。被捕获的最长寿动物是在斯坎森动物园内饲养的一头名叫“雅各布”的雄性灰海豹（1901 ～ 1942），活了 41 岁。

有关蝙蝠寿命的可信的最高纪录是 32 年，创造者是美国的一只带条纹的雌性小棕蝠。

可信的羚羊的最长寿纪录是25年又4个月，这是一只曲角羚羊的寿命。1960年10月15日这只羚羊死于美国芝加哥的布鲁克菲尔德动物园。

鹿最长寿的可信的纪录是26年又8个月。这是1954年6月28日在美国威斯康星州密尔沃基动物园死去的一只红鹿的寿命。

可信的有袋目动物最长寿的纪录是26年又22天，这是一只普通毛鼻袋熊创造的。这只袋熊于1906年4月20日在英国伦敦动物园死去。

马的可靠的长寿纪录是62年，这是一匹名叫“老比利”的马（1760年出生）创造的。据说这匹马是克利夫兰种和东部种杂交的品种，由英国兰开·夏郡的埃德沃德·罗滨逊喂养。1762年（或是1763年），这匹马被卖给了默西-维尔航运公司，在那儿它从事驮货和牵船等工作，直到1819年。退役后，这匹马进了英国沃林顿附近的一家农场，1822年11月27日在这家农场去世。这匹马的骷髅保存在曼彻斯特博物馆，它的头皮经充填后（戴上了义齿）如今在贝德福特博物馆展出。

小型马可靠的长寿纪录是54年，这是法国中部一个农场主所拥有的一匹马的年龄，这匹马活到了1919年。

英国埃塞克斯的孪生姐妹西尔维亚·穆尔和马里恩·阿特金森共同拥有的一匹名叫“鲍尼·拉斯”的花色小型马，1987年5月2日死时它已经活了42岁。

纯种赛马最长寿的纪录是42岁，这是一匹被阉割的赛马“坦戈·杜克”（1935年出生）创造的。它死于1978年1月25日。马的主人是澳大利亚维克多利亚的卡门·J. 科珀。

绝大多数狗的寿命在8～15年之间，能活过20岁的狗鲜有可靠的纪录。长寿的狗一般都是体型较小的品种。可信的狗的最长寿命是29岁又5个月，创造者是一只名叫“布卢”的澳大利亚牧羊犬。狗的主人是澳大利亚维克罗彻斯特的莱斯·霍尔。1910年他得到这只狗时它还不满1岁，此后这只狗为放牛和牧羊工作了近20年。1939年11月14日去世。

猫通常要比狗寿命长些。在家庭饲养条件下，喂养得当并且得到较周到的医护。雄性猫的平均寿命为13～15年，雌性猫为15～17年。阉过的猫平均寿命要比未阉过的猫长1～2年。

迄今记录到的最长寿的猫也许是一只名叫“普斯”的斑猫。1939年11月28日它庆贺了自己的第36个生日，但第二天就死了。这只猫的主人是英国德文郡克莱黑顿的T. 霍尔韦太太。

动物的寿命

动物的寿命受气候、温度及天敌等许多因素的影响，并不是很有规律的。动物寿命的长短依不同种类而异，并与个体大小有关。同时，动物的寿命也与动物的生活环境状况有关，即使是同种动物，生活在不同的生活环境中，它们的寿命也是不一样的。

动物的家庭和社会

人，都有一个家庭，每个人从小在自己的家庭中生活、长大。那么，动物有没有家庭呢？

动物家庭比较明显地表现在一些哺乳动物身上，就拿我们最常见的老鼠来说吧。母鼠产子后，会精心照顾亲生的幼鼠。而对别的幼鼠，则不管有没有“亲戚”关系，都会统统咬死。母鼠是怎样认识自己的孩子呢？原来，幼鼠身上有一种叫做“识别外激素”的化学物质的气味，可以使母鼠闻出来自己生的幼鼠。如果将母鼠的嗅觉器官切除，它就不会咬死非亲生的幼鼠了。

在老鼠的大家庭中等级制度格外森严。“上层社会”的老鼠生活在离食物源最近的地方，“中产阶级”则要次之，而受奴役的小老鼠则住在离食物很远的地方。

老鼠求偶时也学会了装模作样。据观察，一只雌鼠在求偶之前，往往要先做出一种装模作样的打扮自己的表演动作，以求得雄鼠的欢心。

即使是饥肠辘辘的鼠群，也不会盲目地吞食新发现的食物。在这种情况下，往往由老鼠头目命令一只小老鼠冒险试尝，如吃后几小时没发现异常情况时，老鼠头目这才命令其他老鼠动口。而且，鼠群中的健康者并不独霸所有的食物，其他老鼠也可以获得所需的一份。

鼠群间的领土界限是很清楚的，它们会不断用尿来标出边界并固定通道。在这些通道上，老鼠能像火车沿铁轨运行一样准确地奔跑。如果某个群体被完全消灭了，一个新的群体才会进入这片领土。在老鼠的眼里，用尿划出自己的领土范围是有效的。

小兴安岭有一种深灰色的山鼠，经常成群结队地从田里偷运粮食到它们认作家的山洞里。当人们发现鼠洞并挖走粮食后，外出回家的老鼠会恼羞成怒，暴跳如雷，先是围着破洞乱跑，吱吱狂叫。然后爬到树上，找一个三角形或圆形树杈，把脖子伸进去，四脚伸直垂下，上吊自杀了。

接下来，我们再看看狐狸的家庭生活。小狐狸与父母一起生活的时间比较长。这样，既可以保护它们免受敌害，又可以教会它们各种本领。老狐狸常常带领小狐狸离洞外出，进行打洞、猎食、逃逸的示范。

不过，等小狐狸长大后，老狐狸却会很凶狠地对待它们，疯狂地撕咬、追赶，追得它们四散逃遁，无法回家。从此以后，小狐狸就各自为家，开始独立生活了。狐狸“家庭”或聚或散，都有利于种族的繁衍。

狐狸的家庭易散，而生活在非洲的一种黑背豺的家庭则比较牢固。这种动物总是结伴生活，过着“一夫一妻”制生活，一起合作追捕猎物，一起守卫领土。小豺长大了，并不全部离家远去，而是帮助父母哺育后几窝出生的小豺，就像人类社会中大哥、大姐照顾幼小的弟妹一样。

这些成年的豺是怎样帮助父母哺育弟妹的呢？方式是多种多样的。当母兽们在哺育小豺时，它们帮母兽咀嚼食物，然后吐出来给小兽吃。当小豺断奶后，它们又帮助父母保护小兽，使它们免受鬣狗和其他食肉动物的侵害。

美国动物学家英尔门观察了 15 窝豺的生长，发现 11 窝中有帮手，这些帮手就是前几窝中长大的“豺兄豺姊”。不过，“豺兄豺姊”们并不总是留在父母身边。在某些季节，它们便离开父母独自生活去了。科学家们指出，如果它们不去照顾弟妹，小豺的成活率就会大大降低。这种黑白相间的小豺，正是用这种特殊的生活方式保证种族的延续。

哺乳动物中最高级的家庭要算类人猿了。长臂猿有着严格的“一夫一妻”制的家庭。它们经常巡视自己的森林领地，不让别人侵入。非洲丛林中的大猩猩，过的则是大家庭生活，由一头最强有力的雄性大猩猩担任首领，一切成员听从它的领导。它决定家庭成员到何处觅食和住宿。如果发生危险，它总是奋不顾身地先冲上前去。晚上，它让母猩猩、小猩猩上树搭窝过夜，自己则睡在树下守卫。有时小猩猩叫嚷不肯睡，它就爬上树去打两个耳光，让它安静下来。雄性小猩猩长大后，就被赶出家庭；头领年老了，被别的雄性大猩猩斗败了，也离开家庭，去过孤独的生活。这样，家庭成员不断更新，但整个家庭一直保持着活力。

▲ 长寿的黑猩猩

黑猩猩既然是社会化的动物，那么它的家庭和社会内部是怎样组成的呢？著名灵长类行为学者简·古道尔通过长期的观察发现，黑猩猩常常三五结队外出漫游、觅食，有时一群可到四五十只。群体内的成员不固定，唯一稳固的是母亲和她的子女这一家；常有多只成年雄兽和幼子伴随。每个子女只认其母，不认其父，父亲对家庭生活和抚育后代不负任何义务。

动物从低级向高级不断发展，其行为也越来越复杂。对动物家庭与社会的研究，将有助于了解动物行为和动物意识的演化。

动物助人为乐

每个人都有自己的嗜好，美国总统喜欢养狗是有其传统的。

华盛顿总统喜欢带狗打狐狸，家里总是养着狗，跑得最快最机灵的叫“灵山”。它进入白宫后还有一段令人捧腹的故事：在一个晴朗的夏天，这条狗飞快地抢走了华盛顿夫人手中的一块火腿，绕过惊呆的侍从，消失在灌木丛中。华盛顿目睹这一情景，笑得前仰后合，险些从椅子上摔下来。

喜欢狗的美国总统何止华盛顿一人，美国历任总统几乎都喜欢狗。

尼克松养了三条狗，其中名叫“金·泰马霍”的狗十分顽皮，它一天内竟在三个不同地方使尼克松夫人摔了三跤。

福特当政时，为他的爱犬分娩特意腾出了白宫的一间卧室。

……

当然，总统们养狗无非是种嗜好、消遣，调剂一下生活罢了。

总统养狗，老百姓也养；不但养狗，还养其他一些大大小小的动物。

狗是看家护院的能手

狗忠心护主，性格温和，愿意亲近人，有着服从人的天性，所以人们喜欢把它养在家里。狗还是看家护院的能手，倘若有陌生人闯入主人的家里，狗就会不停地吼叫，甚至主动出击威吓、攻击对方，来保护主人。

一天清晨，印度一座小村庄的人们早起到井旁打水时，发现井里有一只大豹子。天气炎热干旱使这只豹子到居民区来取水乘凉，人们拿起石块向井里投去。被激怒的豹子大吼一声，跃身跳上了 4 米高的井台，向人们扑去。村民们四散逃去。只有一名叫坎卡玛的妇女未来得及跑开。在这危急时刻，坎卡玛家的看家狗勇敢地大叫着扑向豹子，保护自己的主人。随着它的吠声，又来了几只狗，联合攻击豹子。凶猛的豹子敌不过一群狗，只好逃进丛林。就这样，看家狗

▲ 藏獒

救了自己主人的性命。

无独有偶。美国一头名叫“普里斯希拉”的母猪因救活主人家一个溺水男孩而获得勋章。当时，小孩紧紧抓住这头猪，猪从容不迫地把落水的孩子从湖心拖到岸边。

非洲纳米比亚有个农场，饲养了80只羊，牧羊的是一只名叫狒狒的大猩猩。狒狒既勤劳又聪明。白天，它拿着棍子把羊群赶到山上；傍晚，它又把羊群赶回农场。由于它做事认真负责，一丝不苟，所以从来没有出过差错，它甚至还能准确无误地认出自家的羊。

维也纳的一家皮鞋店主人，让一条2.5米长的蟒蛇值夜班。一次它同一名曾是擂台大力士的盗贼搏斗了几个小时，盗贼被蟒蛇缠住不放，只得俯首就擒。

英国恩澳特市一位农民养了一只鹰给他看守车库。一次，盗贼偷车，被它抓得遍体鳞伤，瞎了一只眼，狼狈逃窜。警察根据鹰爪留下的血迹等，很快逮住了盗车贼。

美国动物学家弗曼训练了一批野鸭，让它们传送气象表和各种科技情报。这些野鸭还成功地把捆在爪子上的照片和稿件送到报社。在美国得克萨斯州的近20个邮区中，有近万只野鸭从事传递信件的工作。

令人感兴趣的是，不久前，据科学工作者研究证明，家中养些诸如狗、猩猩、蟒蛇、鹰等动物，不仅可以帮助人们做些事情，而且还能增添人们的生活乐趣，甚至还能防治疾病，堪称保健“良剂”。美国科学工作者对一些心血管系统的患者分组进行观察，其中一组养了一些对人们有益的动物，另一组不养，经过一段时间后，发现养动物的那部分病人心脏病复发率很低，而不养大小动物的那部分病人复发率却相当高。科学家还发现，抚弄可爱的动物还可使高血压病人的血压明显降低。

为什么这些小动物竟有如此奇功妙用呢？

原来，一些慢性疾病患者由于久居室内疗养，难以和社会及亲友交往，家人又忙于工作，经常处于孤独状态，精神抑郁。当饲养了小动物后，可以转移他们对疾病的注意力，还会在精神上给他们以安慰，病人看到那活蹦乱跳、逗人喜爱的小动物，乐而忘忧，常常忘记了自己的病痛，减轻了精神负担，因此有益于疾病的康复。

为了增加人们的生活乐趣，有些国家还建立了动物学校。

泰国以产象闻名世界。泰国政府于1968年建立了一所世界上独一无二的训象学校。小象入学以后，首先在人的指挥下，由一头老象做搬运木材的示范动作，学得好的奖食香蕉。另外，还要学习吹口琴、顶球等马戏节目。经过五年的训练后，分配到林场或马戏团去工作。

美国有一所专门训练青蛙的学校。这些青蛙“学生”要学习跳高、跳远、举重；有的还要学习举杠、跳绳、开微型摩托车等。经过考试毕业后，它们就成为各种马戏团和杂技团的“演员”。

形形色色的动物“特种兵”

在伊拉克战争期间，一只身上绑满炸药的狗闯入伊拉克军队的车队并发生爆炸，但没有造成人员伤亡。

这是第一只被恐怖分子用来对付在伊拉克的美国军人的狗。早在2003年，伊拉克就曾发生过一起“炸弹驴”攻击巴格达中心地区酒店的事件。

此外，世界上还有马、蝙蝠、鸽子、海豚、鹈鹕等各种动物被用于战争目的的记载。

第二次世界大战期间，美军曾尝试用携带小型燃烧弹的蝙蝠攻击日军目标。为了能使这些“炸弹蝙蝠”四散飞到大型商业建筑中再爆炸，美军计划使用延时装置引爆。由于蝙蝠目标小，不易引起人的注意，因此可以避免敌人像飞机轰炸时那样事先做好防范准备。

尽管“炸弹蝙蝠”最终没有正式使用，但据说有两个“炸弹蝙蝠”编队派上了前线。

驴，很久以前就被用于战争目的。1936～1939年西班牙内战期间，“炸弹驴”被广泛使用。交战的一方向另一方的战壕派去使者“炸弹驴”的情况经常出现。但其结果有时还带有悲剧色彩：负载着炸弹的可怜的驴由于看到了对方战壕中的某些信号，转而回到自家战壕中，造成“大水冲了龙王庙”的结局。

“炸弹驴”甚至还被用于恐怖主义活动中。2000年8月30日，美国前总统克林顿抵达哥伦比亚的卡珞赫纳访问。克林顿要与哥总统帕斯特拉纳讨论共同打击贩毒活动的“哥伦比亚计划”。就在此前两天，警方挫败了哥游击队企图用“炸弹驴”暗杀克林顿的阴谋。游击队原计划将这只驴伪装成运水果的牲畜安排在克林顿的必经之地。结果，“炸弹驴”被“解除引信”了。

海豚的智商在所有动物中名列前茅，它们在通信方面更是技艺非凡，还有着惊人的辨别方位的“特异功能”，因此一些国家不惜花费巨资训练海豚用于作战。经过训练的海豚不但可以成为“水下工兵”，承担排除水雷的任务，还能成为“水下摄影师”，把敌人潜艇的资料轻易搞到手。专家指出，与水下作业机器人相比，聪明的海豚和海狮永远不会因为“没电”而失去动力，也不会在水中迷失方向，而且它们的学习能力很强。

在海战中，布施水雷是防止敌方舰艇进犯的一种有效手段。在第二次世界大战

▲ 海豚当上了特种兵

中，美国海军为防止日军袭击，就曾在太平洋上的汤加群岛一带水域布了大量水雷。出人意料的是，日军未到，水雷却爆炸了，海面上掀起一个个大水柱。当地人以为是日军来袭，吓得不知所措。

爆炸过后，却不见日军踪影，使美军大惑不解，直到岸边漂浮被炸死的鲸鱼，美军才如梦初醒。原来是鲸鱼引爆了水雷。

吃一堑，长一智。美军从中受到了启发，便开始训练用鲸来扫除深海的水雷，并获得成功。它们能在声波定位装置的引导下，迅速找到深海中的水雷，并把水雷从海里捞出来。据测定，它的扫雷功能，远远超过人类。

据英国《新科学家》周刊报道，美国五角大楼正在投资于一项研究，通过神经移植的方式最终将鲨鱼变成能在海洋中游弋且不被发现的"潜隐间谍"。

这项研究通过在动物大脑中实验性地植入微型电极从而对其进行控制。电极能刺激大脑，诱发应激反应。

这篇于 2006 年 3 月 4 日在《新科学家》上发表的研究报告称："五角大楼希望利用鲨鱼的本能在水下悄无声息地游弋，甄别细微的电势梯度并追踪化学痕迹。"报告说："通过对鲨鱼的行动进行远程遥控，五角大楼希望能把鲨鱼变成潜隐间谍，能不被发现地对舰只进行追踪。"

动物走进太空以后……

动物在人类宇航史上，起到了宇宙侦察员的作用。在加加林完成第一次载人宇宙飞行之后，人类又交给动物另外一项任务：获取看不见的“敌人”——失重的有关资料。于是，数百只白鼠为科学献出了生命——它们在返回地球后就立刻被杀死。科学家们将它们解剖，从中获得许多发现。研究表明，微重力对生物体的作用大多是不利的：骨骼和肌肉出现萎缩；骨组织生长速度放慢；骨骼坚韧程度下降；机体免疫力也有所降低等。然而，科学家们的担忧很快便被惊喜所代替：他们在解剖了一只回到地球25天后被杀死的白鼠后发现，白鼠在一个月的时间内完全恢复了健康，宇宙飞行对白鼠身体造成的不利影响全部消失。这说明，白鼠完全经受住了失重和辐射对其产生的双重影响。

科学家们先后把二十多种生物送入宇宙空间，其中包括：原生动物、多种植物和微生物、鹌鹑蛋、苍蝇、青蛙、甲虫、乌龟、小鱼等。蝾螈是一种能使自己身体上失去部分后再生的动物，科学家用它做了实验，结果发现，它在宇宙飞行过程中的肢体再生速度比在地球上的再生速度要快得多。

科学家还对猴子做了实验。1987年，前苏联发射了一颗生物卫星，上面载有两只猴子；一只叫“德利马”，另一只叫“叶罗沙”。在飞行过程中，卫星上的食物供给系统出现故障。为了使猴子不至于饿死，科学家命令卫星紧急着陆，但卫星没有按预定计划降落在拜科努尔发射场，而是落在米尔内城附近的原始森林里。两天后卫星才被找到，两只猴子已经饿得虚弱不堪。后来，“叶罗沙”在莫斯科动物园“定居”，而“德利马”则成了赠送给卡斯特罗的礼物。

猕猴与其他非智能动物不同，它们在飞行过程中还可以工作。科学家们花了两年时间对猕猴进行了条件反射训练。当信号盘上出现某种信号时，猕猴便按动操作杆，它得到的奖赏是一些果汁。当猕猴用牙齿咬动一个阀门时，它便可以通过一个专门的吸管获得膏状食品。此外，当猕猴左顾右盼地寻找信号时，它的身体在椅子中上下移动，科学家便从中获得了有关猕猴的平稳状态的信息。

后来，科学家又借助猕猴来研究最初几天太空飞行中困扰宇航员的那些不适感：晕船、面部水肿、头重脚轻、在转头时无法集中目光等。

为了了解和验证动物的太空习惯，以便为人类在不久的将来到太空去生活和工作摸索出一些经验和根据，人们开始了宇宙动物学的研究，在宇宙飞船上建立了动物实验室，即“太空动物园”。

现在，在太空动物园里旅居的都是中、小型动物，如青蛙、兔子、猫、狗、猴、鸡、鱼和蜂等。苍蝇和老鼠虽为人类所憎恶，但作为研究的良好对象，也成为太空的座上客。而在地球上的动物园里尊为贵客的大型动物狮、虎、象等，由于运载上天所需的成本太大，尚需等待时机。

现在，让我们来了解一些动物在太空生活的情况吧！

科学家把几百只苍蝇分放在太空动物园的三个角落里，这三个角落的重力场各不相等：第一个重力场模拟地面，第二个重力场两倍于地面，第三个重力场五倍于地面。结果发现，苍蝇们都喜欢到模拟地面重力场的那个角落产卵生殖；在两倍于地面重力场的地方，苍蝇萎靡不振，出现病态；而在五倍于地面重力场处的苍蝇，都很快地死去了。

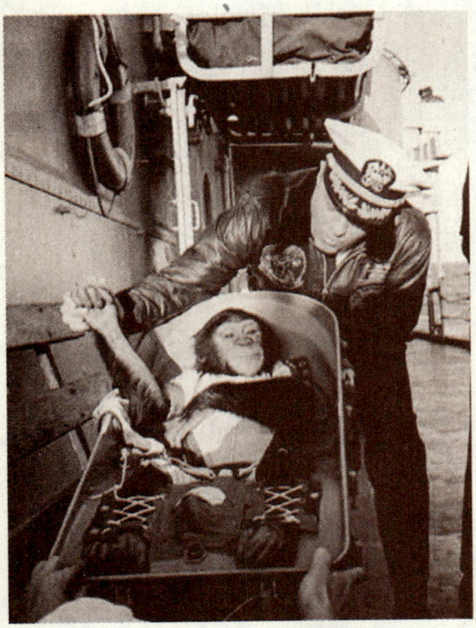
▲ 黑猩猩进入太空

太空动物园里还装有 6 对雄雌老鼠和 30 只独身雄鼠，分别让它们在模拟地面和两倍、四倍于地面重力场的环境中生活。结果发现：老鼠的抵抗力大于苍蝇，任何环境下的老鼠都没有死亡，不过，大于地面重力环境里的老鼠都显得惊恐不安，并且在 7 天以后，它们的肌肉萎缩了，病得很严重。回到地面后解剖检查得知，它们的肌肉中黏多糖成分下降，胃壁细胞中的细胞质密度变小，胃中磷酸酶的活性增大。而在模拟地面重力环境下的老鼠，不但健康如常，而且有两对还在太空中“成亲”、交配、怀孕和分娩，生下的小老鼠在回到地面后还能健康地活着。其他环境下的太空鼠都没有生育。太空动物园里还养了一群黄峰，在模拟地面重力场中生活的黄蜂筑巢和地面上基本一致，但在两倍于地面重力场下的黄蜂筑巢就与前者明显不同——沿着重力加大的方面巢壁加厚，以对抗重力加大产生的影响。这说明像黄蜂这样的低等动物，也会在太空特定环境中做出反应以求生存。另外，还发现在一倍半地面重力时，黄蜂的筑巢速度最快。